CMP BOOKS
机工IT

AIGC与大模型技术丛书

大模型应用开发极简入门

基于DeepSeek

丁小晶 李文凯 编著

机械工业出版社
CHINA MACHINE PRESS

本书摒弃了复杂的理论和公式，聚焦于实战操作，结合详细的代码示例、实战技巧和应用案例，全面展示了 DeepSeek 平台的开发方法及核心技术，旨在为开发者提供一条清晰且快捷的学习路径。

全书共分为 6 章，系统介绍了 DeepSeek 的基础知识和高级功能。首先讲解了 API 的使用、应用开发原理、核心技能（如 API 密钥管理、数据安全和性能优化）。接着深入探讨了模块化设计、提示词优化、模型微调等高级技巧，帮助读者提升开发效率。通过具体案例，展示如何运用深度学习提升自然语言处理与智能决策能力。最后，聚焦于 DeepSeek 在多个行业中的应用场景，包括教育、医疗、金融及创意产业的应用，通过这些行业案例展示其在提升效率和降低成本方面的优势和潜力，帮助读者将 DeepSeek 与业务需求相结合，轻松掌握智能应用开发。

随书赠送（扫封底二维码）全书源码、拓展思考题、超实用 DeepSeek 电子书，以及价值 299 元、超 200 分钟《轻松玩转 DeepSeek》保姆级视频课（涉及 DeepSeek 部署、对话，制作思维导图、PPT，搭建知识库，生成网站、数字人、3D 模型，DeepSeek+腾讯 IMA 联合应用等详细使用方法和技巧），手把手帮读者火速上手 DeepSeek。

本书适合对深度学习、自然语言处理及行业应用感兴趣的开发者、工程师和研究人员，尤其是那些希望将 DeepSeek 技术应用于实际业务中的读者。

图书在版编目（CIP）数据

大模型应用开发极简入门：基于 DeepSeek / 丁小晶，李文凯编著. -- 北京：机械工业出版社，2025. 3.
（AIGC 与大模型技术丛书）. -- ISBN 978-7-111-77952-0

Ⅰ. TP18

中国国家版本馆 CIP 数据核字第 2025Y1J312 号

机械工业出版社（北京市百万庄大街 22 号　邮政编码 100037）
策划编辑：丁　伦　　　　责任编辑：丁　伦　杨　源
责任校对：贾海霞　李　杉　　责任印制：任维东
北京瑞禾彩色印刷有限公司印刷
2025 年 4 月第 1 版第 1 次印刷
165mm×225mm · 12 印张 · 239 千字
标准书号：ISBN 978-7-111-77952-0
定价：69.80 元

电话服务　　　　　　　　网络服务
客服电话：010-88361066　　机　工　官　网：www.cmpbook.com
　　　　　010-88379833　　机　工　官　博：weibo.com/cmp1952
　　　　　010-68326294　　金　书　网：www.golden-book.com
封底无防伪标均为盗版　　机工教育服务网：www.cmpedu.com

前言

在当今人工智能迅猛发展的时代，大语言模型（Large Language Models，LLMs）已经成为推动技术进步和应用创新的核心力量。大语言模型通过海量数据的训练，能够理解和生成自然语言，展现出前所未有的智能水平。从智能客服到教育辅助，从医疗诊断到金融分析，大语言模型正在深刻改变各行各业的运作方式，并为人类社会带来巨大的价值。

DeepSeek 作为大语言模型领域的重要一员，凭借其创新的技术和卓越的性能，迅速崭露头角。DeepSeek 不仅继承了传统大模型的优势，还在模型架构、训练方法和应用场景上进行了多项创新，致力于为用户提供更高效、更智能的解决方案。无论是开发者、研究人员，还是企业用户，DeepSeek 都是他们的一个强大工具，助其应对复杂任务和挑战。

本书内容

本书帮助大家从零开始掌握大语言模型的核心知识，并熟练使用 DeepSeek 进行开发与应用。全书共分为 6 章，内容涵盖了大模型的基础知识、DeepSeek API 的使用方法、应用程序开发、高级技巧、插件开发与集成以及行业实践。每一章都结合理论与实践，通过丰富的案例和示例，帮助读者逐步掌握相关技能。

第 1 章：介绍大模型的基本概念、Transformer 架构和标记化原理，回顾了从早期语言模型到 DeepSeek 的演进，并讨论了其在各行业的应用及局限性。

第 2 章：讲解 DeepSeek API 的基本使用方法、模型选择、任务开发，以及如何使用 DeepSeek Python 库进行开发，同时提供了开发中的成本、资源和安全建议。

第 3 章：聚焦于通过 API 密钥管理、数据安全、架构设计等方式构建应用程序的方法，并通过示例项目帮助读者将理论应用于实际开发。

第 4 章：探讨 DeepSeek 的高级技巧，重点介绍提示工程、模型微调及其优化方法，帮助读者提升任务处理效率与模型性能。

第 5 章：介绍构建语言模型应用开发框架的关键技术，并探讨 DeepSeek 插件开发与集成，帮助开发者扩展系统功能、定制服务并与外部工具无缝集成。

第 6 章：展示 DeepSeek 大模型在教育、医疗、金融和创意产业中的实际应用，帮助读者掌握用大模型技术赋能行业并激发创新力的相关思路和方法。

本书特点

(1) 系统性与实用性并重：从基础概念到高级技巧，本书循序渐进地讲解大模型与 DeepSeek 的核心知识，并结合实际案例，帮助读者将理论应用于实践。

(2) 注重实践与创新：书中提供了大量代码示例和项目案例，帮助读者快速上手 DeepSeek API，并探索其在各行业的创新应用。

(3) 深入浅出，易于理解：无论是初学者还是有一定经验的开发者，都能通过本书清晰易懂的讲解，快速掌握大模型与 DeepSeek 的使用方法。

(4) 聚焦前沿技术：本书不仅涵盖了大模型的基础知识，还深入探讨了提示工程、模型微调、插件开发与集成等前沿技术，帮助读者紧跟技术发展趋势。

(5) 购书再赠精品课：免费赠送价值 299 元、超 200 分钟《轻松玩转 DeepSeek》保姆级视频课（涉及 DeepSeek 部署、对话，制作思维导图、PPT，搭建知识库，生成网站、数字人、3D 模型，DeepSeek+腾讯 IMA 联合应用等详细使用方法和技巧等详细使用方法和技巧），《DeepSeek 快速入门指南》《DeepSeek 提问模板 100 例》《DeepSeek+高级应用 18 例》等电子书，手把手帮读者火速上手 DeepSeek。

读者群体

- 对大语言模型和人工智能感兴趣的初学者；
- 希望使用 DeepSeek 进行应用开发的开发者；
- 从事人工智能研究与创新的科研人员；
- 希望将大模型技术应用于实际业务的企业管理者与技术团队。

我们期望通过本书，帮助读者不仅掌握大语言模型与 DeepSeek 的核心技术，还能将其应用于实际场景中，解决现实问题，从而创造更多价值。无论是技术爱好者、开发者，还是行业从业者，本书都将成为其探索人工智能世界的得力助手。让我们一起开启这段充满挑战与机遇的旅程，共同推动人工智能技术的进步与应用吧！

编 者

目录

前言

02
第2章

深入了解 DeepSeek API

03
第3章

使用 DeepSeek 构建应用程序

04
第4章

DeepSeek 高级技巧

05 第5章 DeepSeek 插件开发与集成

06 第6章 大模型应用场景与行业实践

第1章　初识大模型与DeepSeek

大模型作为近年来人工智能领域的核心技术之一，凭借其强大的语言理解与生成能力，在各行业展现出巨大的应用潜力。通过深度学习与海量数据的训练，这些模型不仅具备出色的自然语言处理能力，还推动了自动化和智能化的发展。

DeepSeek 作为领先的 AI 平台，整合了强大的模型与灵活的 API 接口，赋能开发者在多种应用场景中构建高效的智能解决方案。深入理解大模型的工作原理与 DeepSeek 的架构，将为后续的技术实践和应用开发奠定坚实基础。

1.1 大模型概述

大模型，作为深度学习领域的重要突破，凭借其庞大的参数量与复杂的网络结构，展现出前所未有的计算能力与应用潜力。这些模型通过对大规模数据的训练，能够处理更加复杂和多样化的任务，尤其在自然语言处理、图像识别等领域，均取得了极为精确的结果。

随着计算资源和算法的不断进步，大模型不仅推动了人工智能技术的快速发展，也催生了许多创新型应用。本节将深入探讨大模型的基本概念、核心特点及其在现代 AI 中的重要地位，为后续的技术探索奠定理论基础。

1.1.1 探索大模型与自然语言处理的基础

大模型的崛起本质上是自然语言处理技术演进的必然结果，其核心依赖于深度学习框架中的神经网络架构，并通过大规模数据训练获得卓越的语言理解与生成能力。自然语言处理的基础构建在分布式表示学习之上，词向量模型（如词袋模型、共现矩阵及基于概率统计的主题模型）在早期占据主导地位，然而这些方法在处理复杂语境关系时存在局限性，难以捕捉深层次的语义依赖。

随着深度学习的发展，基于神经网络的序列建模方法逐步取代传统手段。其中，循环神经网络及其变种在一定程度上缓解了时序依赖问题，但因梯度消失和长期依赖捕捉能力不足，依然存在显著局限性。

之后出现的自注意力机制彻底改变了自然语言处理的范式，通过全局依赖建模，实现了长程依赖信息的有效捕捉。基于此机制的 Transformer 架构摒弃了传统序列模型的递归与卷积操作，采用多头自注意力机制以增强特征表达能力，并结合层归一化、残差连接等优化手段，以提升深度网络的稳定性和训练效率。

预训练-微调范式的兴起进一步推动了大模型的发展，使其能够通过无监督或自监督学习方式从海量数据中提取通用语言表示，并在特定任务上进行微调，极大提升了模型的泛化能力。

当前的大模型通常具备数十亿乃至万亿级参数规模，以自回归或掩码语言建模方式进行训练，结合大规模算力资源，在语言生成、阅读理解、代码补全等任务中表现出超越传统方法的能力。此外，多模态学习、稀疏激活结构及知识蒸馏等技术的发展进一步优化了大模型的计算效率与推理性能，使其在工业界和学术界均展现出广泛的应用潜力。

如图 1-1 所示，该图展示了 Transformer 模型的架构。Transformer 模型广泛应用于语言建模和机器翻译等任务，由两大主要组件组成：编码器（Encoder）和解码器（Decoder）。编码器处理输入序列，而解码器则生成输出序列。

编码器包含多个多头注意力（Multi-Head Attention）层和前馈网络（Feed-Forward）层，每层后都紧跟着加法与归一化（Add & Norm）操作。通过这些组件，模型能够捕捉输入序列中不同部分的上下文依赖。多头注意力层使得模型可以同时关注输入的不同方面，而前馈网络层则对输入数据进行必要的变换。此外，位置编码（Positional Encoding）被加入到输入嵌入（Input Embedding）中，以保持序列的顺序，因为模型本身不具备序列顺序的理解能力。

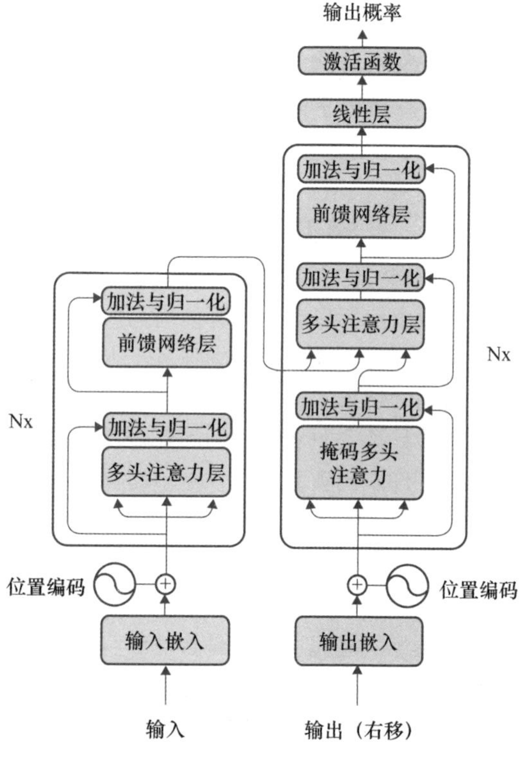

图 1-1 Transformer 架构中的编码器与解码器

解码器的结构与编码器类似，但加入了掩码多头注意力（Masked Multi-Head Attention），以防在训练时关注到未来的标记。解码器的最终输出通过线性层（Linear）和 Softmax 激活函数生成每个输出标记的概率。

1.1.2 理解 Transformer 架构及其在大模型中的作用

Transformer 架构作为深度学习领域的革命性突破，彻底改变了序列建模的传统范式，其核心基于自注意力机制，通过全局依赖建模的方式，实现了对远程上下文信息的精准捕捉。在传统递归神经网络结构中，由于参数共享的时序建模方式存在计算瓶颈，难以有效处理长距离依赖，同时梯度消失与梯度爆炸问题限制了网络深度的扩展能力，因此难以满足大规模语言建模的需求。

而 Transformer 摒弃了递归与卷积运算，采用纯基于注意力机制的计算结构，使得信息传递路径长度不再随时间步增长，从而大幅提升了并行计算效率和全局语义建模能力。

如图 1-2 所示，该图展示了 Transformer 中的多头自注意力（Multi-Head Self-Attention）机制的计算过程。首先，输入数据 X 经过线性变换（Linear Transformation）后被映射为查询（Query）、键（Key）和值（Value）。在此过程中，通过对多个查询、键和值的计算进行并行处理，模型能够有效地捕捉输入序列中不同位置之间的关系。

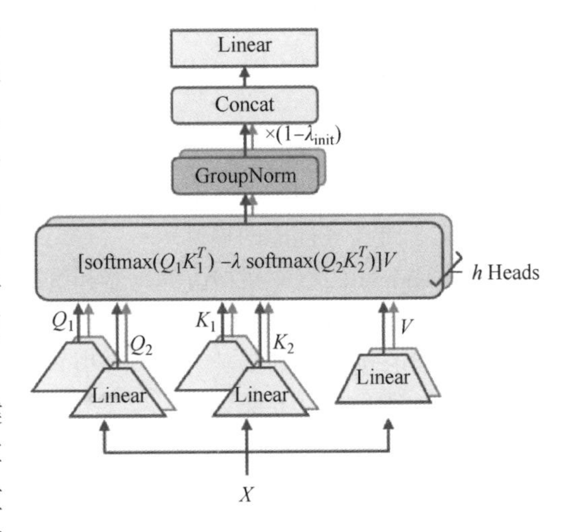

图 1-2　Transformer 中的多头自注意力机制

图中的 softmax 函数首先对查询和键的点积结果进行归一化处理，通过计算注意力权重来决定输入中不同部分的重要性。然后，通过加权求和的方式，结合值（Value）向量，得到每个头的输出。多个头的输出通过拼接（Concat）操作结合，最终通过线性变换（Linear Transformation）映射到输出空间。此外，图中还使用了 Group Normalization 来进行归一化，以稳定训练过程并提高模型表现。

该结构通过多个头（Multi-Head）并行地关注输入的不同部分，使模型能够捕捉更多的语义信息，提高表达能力。

多头自注意力机制是 Transformer 的核心组件之一，其主要作用在于通过多个独立的注意力头捕捉不同的语义关系，使得模型能够在不同层面进行特征提取，从而提高语义表示的丰富度。通过查询、键和值的映射，注意力分数的计算允许模型在输入序列的不同位置分配不同权重，从而在特征提取过程中保留重要信息，并增强长距离依赖的建模能力。

此外，位置编码作为补充机制，通过引入可学习或固定模式的序列信息，使得网络能够在无时间递归结构的前提下保持输入数据的时序特征，确保序列建模能力的完整性。

如图 1-3 所示，该图展示了多种 Transformer 架构及其在不同大模型中的应用。Transformer 架构通过其自注意力机制（self-attention）有效捕捉输入数据中各个位置之间的依赖关系，广泛应用于自然语言处理（NLP）和计算机视觉（CV）等任务。

图中列出了多个基于 Transformer 的模型，其中包括如 BERT、GPT、PaLM 和 T5 等经典预训练模型，以及如 Trajectory Transformer 和 Decision Transformer 等特定任务优化的变体。

Transformer 的计算核心是多头自注意力（Multi-Head Self-Attention）机制，通过将输入序列中的每个元素与其他元素进行加权和融合，从而捕捉全局信息。不同的 Transformer 模型，如 GPT 和 BERT 分别专注于生成任务和理解任务，改进了模型的训练效率和表现。

GPT-3 及其后继模型，如 GPT-3. 5 和 GPT-4，在生成任务上表现出色，通过大规模预训练捕捉了丰富的语义信息。而如 PaLM 和 T5 等模型在多个任务上进行联合训练，推动了跨任务性能的提升。

Transformer 的整体架构由编码器和解码器模块组成，其中编码器层堆叠多层自注意力机制与前馈神经网络，在输入序列上进行特征提取，形成语义丰富的上下文表示；解码器在编码器的基础上进一步引入自回归机制，实现逐步生成，并通过交叉注意力机制增强信息交互能力。

大模型的训练依赖于此架构，通过大规模预训练和梯度优化，使得模型能够高效学习海量文本数据的统计特征，并泛化至多种下游任务。随着模型规模的不断扩大，再加上分层稀疏注意力、混合专家网络及自监督学习范式的引入，进一步优化了计算效率，使得 Transformer 在自然语言处理、图像生成及多模态理解等领域展现出卓越的性能，成为当前大模型构建的基石。

1.1.3 解密大模型的标记化与预测机制

大模型的核心能力依赖于高效的标记化机制与自回归或掩码语言建模策略，这些机制和策略确保其能够在大规模数据上进行精细化的特征提取与预测优化。标记化作为自然语言处理的基础预处理步骤，直接决定了模型的输入粒度、计算复杂度及生成质量。

传统基于空格或字符的分词方法难以捕捉复杂的语义结构，因此，现代大模型通常采用子词单元拆分策略，如字节对编码、句子片段编码和变长子词单元，以提高模型对低频词及未知词的泛化能力，并有效减少词表规模，从而优化存储与计算效率。

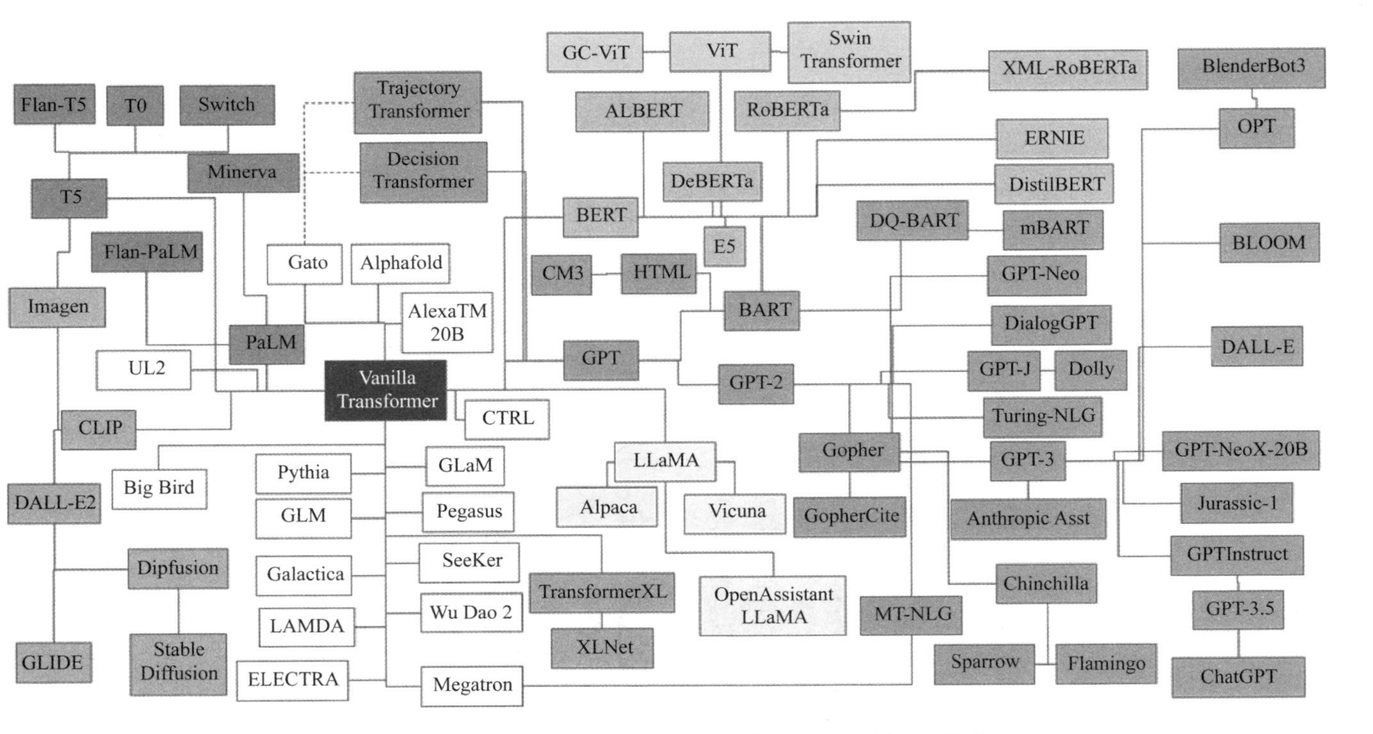

图1-3　基于Transformer架构的不同大模型及其应用

在训练阶段，大模型通常采用自回归或掩码建模策略进行目标优化。自回归建模通过因果注意力机制约束序列生成，使得模型只能基于已生成的上下文预测下一个标记，从而符合自然语言的生成范式。

相比之下，掩码语言建模通过随机屏蔽输入序列的一部分标记，并要求模型基于剩余信息进行恢复，从而增强其全局语义建模能力，并提升特征表达的鲁棒性。两种策略各具优势，前者适用于开放式文本生成任务，而后者更适用于信息补全、语义理解及上下文优化。

预测机制的核心在于通过注意力权重计算与归一化概率分布，动态调整每个标记的生成概率，以确保文本输出的流畅性及逻辑一致性。温度调节与概率采样策略，如随机采样、束搜索、核采样等，进一步影响模型生成的稳定性与创造性。高温度设定使得输出更加随机化，适用于创意内容生成；而低温度则增强确定性，提高文本的精准度。

此外，通过控制最大标记长度、重复惩罚、对话历史缓存等策略，模型能够更有效地管理长文本生成，避免模式塌缩与无效重复。随着推理优化技术的不断发展，如高效注意力计算、分层存储机制及离线缓存，大模型的标记化与预测机制正朝着更高效、更精准的方向演进，为智能文本处理提供更强大的支撑。

1.2 大模型发展简史：从早期模型到 DeepSeek

在人工智能的发展历程中，大模型的演进经历了多个重要阶段。从早期的统计语言模型到基于神经网络的深度学习框架，技术的革新不断推动自然语言处理能力的跃迁。GPT 系列模型的问世，使大规模预训练成为主流范式，进一步提升了模型的泛化能力与适应性。

DeepSeek 作为这一技术潮流中的重要成果，结合了最新的架构优化与高效训练方法，为大模型的实用化提供了更加先进的解决方案。本节将梳理大模型的发展历程，分析各阶段的技术变革及其对现代人工智能的深远影响。

1.2.1 早期语言模型

在大模型兴起之前，早期的语言模型主要依赖统计方法、概率理论和神经网络技术的逐步演进，经历了从基于规则的方法到深度学习框架的转变。根据不同的发展阶段，早期语言模型可分为基于统计的语言模型、基于神经网络的语言模型以及基于预训练范式的语言模型。

1. 基于统计的语言模型

最早的语言建模方法依赖于概率统计理论，其中 N-gram 语言模型是最具代表性的形式。该模型基于马尔可夫假设，假设一个单词的出现仅依赖于前 $n-1$ 个单词，

并通过计算 n 元组的条件概率来预测下一个词。

尽管 N-gram 模型在计算复杂度上相对较低，并能在一定程度上捕捉局部上下文信息，但其主要缺陷在于数据稀疏问题，即当训练数据不足时，低频词或未见过的词组往往无法得到良好的建模效果。为缓解数据稀疏，研究者提出了平滑技术（如拉普拉斯平滑、Katz 回退、Kneser-Ney 平滑）以改进概率估计，但依然无法有效捕捉远程依赖关系。

如图 1-4 所示，该图展示了基于统计的 N-gram 模型在音乐生成中的应用，特别是如何进行音乐事件的处理。首先，输入的音乐事件（Music Events）序列通过提取 N-gram 的方式进行建模，目的是通过统计相邻事件之间的频率关系，捕捉音乐片段中的局部规律。每个 Token（如 Token3）代表了音乐事件的一个组成部分，系统通过对这些事件进行切分，提取出包含 n 个相邻事件的子序列，这些子序列即为 N-gram。

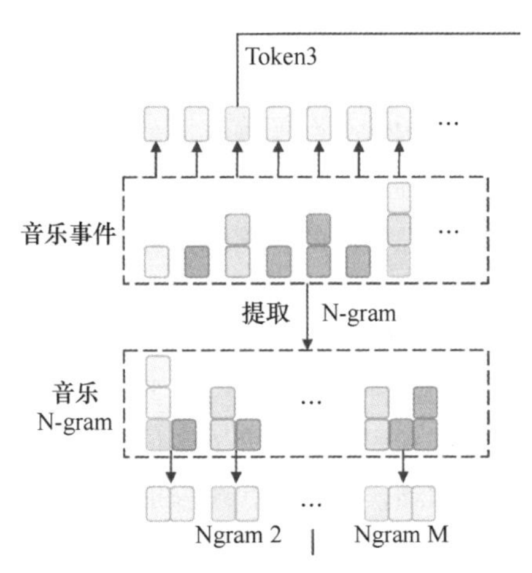

图 1-4　基于统计的 N-gram 模型在音乐事件中的应用

通过 N-gram 模型，系统能够计算不同长度的 N-gram（如 Ngram 2 到 Ngram M），并在生成新音乐时利用这些 N-gram 频率信息来预测下一步的音乐事件。通过这种方式，系统可以在生成音乐时依据已有的统计模式来推测可能的后续事件，从而提高生成的连贯性与合理性。

2. 基于神经网络的语言模型

随着计算能力的提升，神经网络被引入语言建模领域，其中最具代表性的是前馈神经网络语言模型（FNNLM）和基于循环神经网络语言模型（RNNLM）。

前馈神经网络语言模型使用固定大小的上下文窗口作为输入，经过嵌入层映射到低维向量空间，并通过多层感知机计算下一个词的概率分布。相比于 N-gram 模型，FNNLM 能够学习更复杂的语义特征，但由于上下文窗口长度固定，其泛化能力仍然受限。

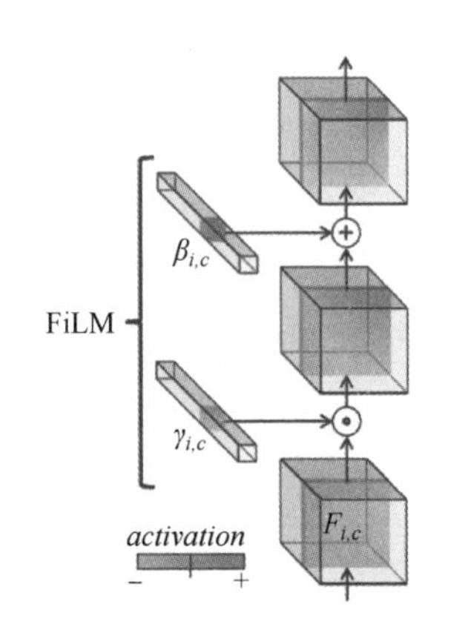

图 1-5　FiLM 模块在神经网络中的特征调节计算过程

如图 1-5 所示，该图展示了 FiLM（Feature-wise Linear Modulation）模块在神经网络中的特

征调节计算过程，这一模块常见于基于神经网络的语言模型，尤其是在前馈神经网络语言模型中。

FiLM 模块通过对特征进行线性调节，使得网络能够在不同的输入条件下进行有效的自适应调整。图中展示的操作分别包括对特征的加法和乘法操作，分别由 β 和 γ 进行调节，它们是每个通道的可学习参数。

在该模型中，输入特征 $F_{i,c}$ 通过 $\beta_{i,c}$ 进行加法调节，并通过 $\gamma_{i,c}$ 进行乘法调节。这种线性变换帮助网络在每个特征通道上根据其重要性进行动态调整，进而提升网络的表现能力。$\beta_{i,c}$ 的加法作用类似于偏置操作，$\gamma_{i,c}$ 的乘法作用则决定了每个特征的权重，控制该特征在输出中的贡献。

这种基于调节的特征操作能够在不同的任务和数据条件下提供灵活的特征变换，从而增强模型的泛化能力和适应性。FiLM 的使用使得神经网络能够在多个层次上灵活地处理和调整输入数据，尤其是在多模态学习或条件生成任务（如文本生成、图像处理）中都表现出显著的效果。

循环神经网络语言模型通过隐状态传递机制解决了固定窗口长度的问题，使得模型能够利用先前的上下文信息进行动态建模。然而，标准 RNN 由于梯度消失和梯度爆炸问题，在处理长距离依赖关系时表现不佳。

长短期记忆网络（LSTM）和门控循环单元（GRU）的引入有效缓解了以上问题，它们通过门控机制控制信息流，使得长期依赖能够更稳定地传递，从而提升文本生成与预测的准确性。

3. 基于预训练的语言模型

如图 1-6 所示，该图展示了基于预训练语言模型的掩码语言建模（Masked Language

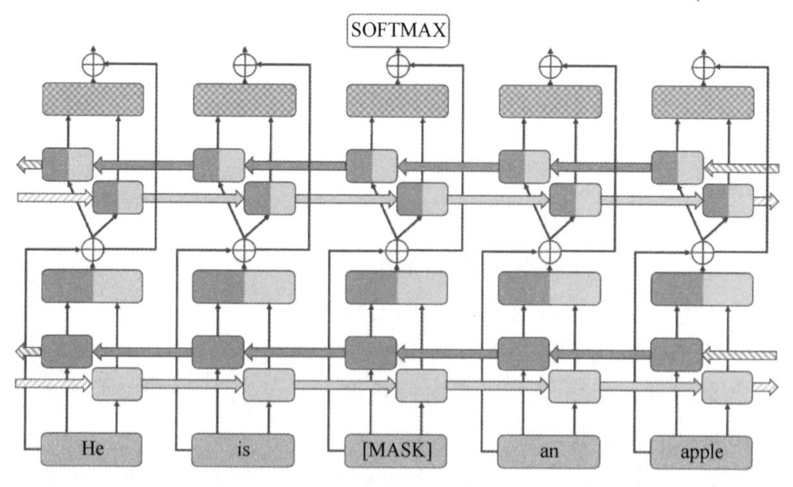

图 1-6 基于预训练语言模型的掩码语言建模过程

Modeling，MLM）过程。该过程通常用于训练 BERT 等模型。在该模型中，输入的句子通过掩码［MASK］来隐藏一部分词汇，模型需要根据上下文预测被掩码的部分。

图中输入的句子包括多个词汇，其中［MASK］表示被隐藏的部分。模型通过 SOFTMAX 层生成每个位置的词汇分布，预测［MASK］位置上可能的词汇。模型使用的计算方法是基于上下文的注意力机制，其中每个词汇的表示不仅仅由其本身决定，还受到句子中其他词汇的影响。输入经过多个层的自注意力机制（Self-Attention）的处理后，模型能够为每个词汇生成高维的表示，并利用这些表示预测［MASK］位置的词汇。

每一层的深色模块通常代表自注意力层，浅色模块表示前馈神经网络层。模型在每一层逐步调整词向量的表示，使其更准确地捕捉上下文信息。在完成这一过程后，SOFTMAX 层根据生成的概率分布预测［MASK］位置的最可能词汇。

随着深度学习的发展，基于预训练的语言模型开始取代传统的 RNN 语言建模方法，其中 ELMo（Embeddings from Language Models）和 BERT（Bidirectional Encoder Representations from Transformers）代表了这一范式的变革。

如图 1-7 所示，该图展示了基于 Transformer 的运动上采样生成器的工作原理。首先，通过结合运动 token 和点 token，输入被编码为带有时间位置编码的组合 token。

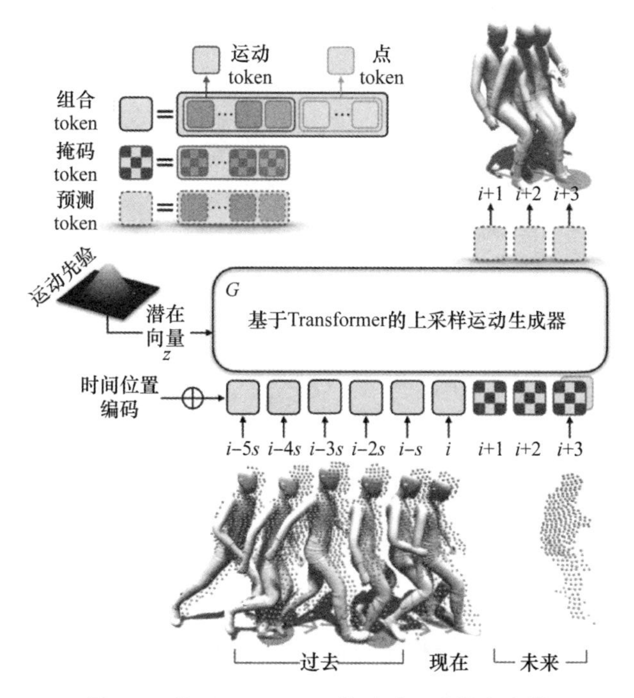

图 1-7　基于 Transformer 的运动上采样生成器

然后，利用掩码 token 对缺失的运动数据进行预测。基于变压器上的采样运动生成器利用潜在向量（潜在向量）z 和运动先验信息进行训练，通过自注意力机制生成连续的运动轨迹。系统还引入了时间位置编码，确保模型能够正确处理时间序列中的顺序，从而生成流畅的运动数据，预测未来的运动状态。

ELMo 采用双向 LSTM 进行词表示建模，使得同一单词在不同上下文中具有不同的表示，解决了静态词向量无法表达多义词的问题。BERT 进一步采用 Transformer 架构，通过掩码语言建模（MLM）和下一句预测（NSP）任务进行无监督学习，进一步增强了模型的语境理解能力。

如图 1-8 所示，该图展示了基于空间关节编码和小型点网的运动姿态估计方法。首先，通过空间时间图卷积网络（ST-GCN）和 Conv1D 网络提取关节特征和根特征，并进行时序处理。接着，在右侧输入的点云数据通过身体补丁分组进行分组，并结合中心点位置编码 center-point positional encoding 对每个局部区域的中心点进行编码。最后，Mini-PointNet 用于提取和处理点特征，生成针对每个关节和局部区域的特征，以实现精确的运动预测。

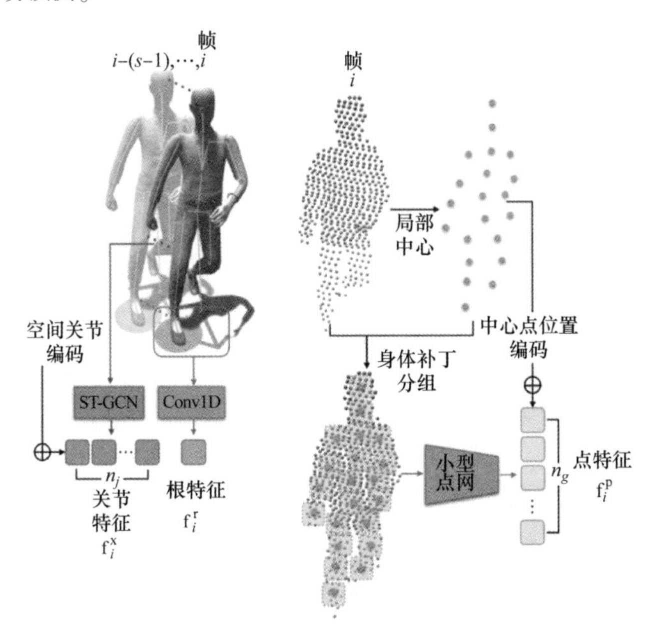

图 1-8 基于 ST-GCN 和 Mini-PointNet 的运动姿态估计方法

相比于早期的统计模型和神经网络模型，预训练模型不仅在文本理解任务上展现出更强的泛化能力，还能通过迁移学习适应不同的下游任务，如情感分析、机器翻译、文本摘要等。随着计算资源的不断提升，预训练模型的规模逐渐增长，为大模型的演进奠定了坚实的基础。

1.2.2 GPT系列模型的演进

GPT系列模型的演进体现了深度学习与大规模语言建模技术的发展，其核心基于Transformer架构，采用自回归生成方式进行文本预测。

自GPT-1发布以来，该系列模型经历了多个关键阶段，每一代的改进都显著增强了模型的能力，并推动了自然语言处理技术的发展。

1. GPT-1：基于无监督预训练的语言建模

GPT-1首次提出了利用Transformer解码器架构进行自回归文本生成，采用标准的多头自注意力机制和前馈神经网络，在大规模文本数据集上进行无监督训练。其核心训练策略为自回归语言建模（Autoregressive Language Modeling，ALM），即基于先前生成的文本预测下一个词的概率分布。

相比于传统循环神经网络，GPT-1通过并行化计算提高了训练效率，同时在多个下游任务上展现出较强的泛化能力。然而，该模型的主要局限在于单向上下文建模，无法利用完整的双向语境信息，因此在文本理解任务上的表现有限。

2. GPT-2：大规模参数扩展与生成能力增强

GPT-2在GPT-1的基础上大幅增加了模型参数规模，并优化了训练数据与任务迁移能力。其参数量增长至15亿，并引入零样本学习（Zero-Shot Learning）与少样本学习（Few-Shot Learning）的能力，使得模型在无特定任务微调的情况下仍能生成高质量文本。

GPT-2采用更深的网络结构，同时增加训练数据的多样性，使其在长文本生成任务上展现出更强的连贯性和上下文理解能力。然而，由于其强大的文本生成能力，该模型引发了关于滥用风险的广泛讨论，部分版本曾被限制公开发布。

3. GPT-3：超大规模参数与泛化能力提升

GPT-3的核心改进在于大幅度扩展参数规模至1750亿，并引入上下文学习（In-Context Learning，ICL）的能力，即模型能够在推理过程中通过少量示例学习任务模式，而不用额外微调。该版本优化了层归一化（Layer Normalization）和自注意力计算效率，提升了生成文本的质量，同时在数学推理、代码生成等任务上展现出更强的泛化能力。

GPT-3的训练依赖于混合精度计算与高效数据并行技术，使得超大规模模型的训练变得可行。尽管其性能强大，但计算成本极高，推理开销巨大，这在一定程度上限制了实际应用的普及性。

4. GPT-4与未来发展方向

GPT-4在GPT-3的基础上进一步优化了多模态学习（Multimodal Learning）与稀

疏专家混合（Mixture of Experts，MoE）架构，通过融合图像、文本等多种数据源，使模型具备更强的跨模态理解能力。

如图 1-9 所示，该图展示了 GPT-4 和 GPT-3.5 在多项考试中的表现比较，特别是在不同领域和学科中的得分情况。GPT-4（浅色）与 GPT-3.5（深色）在考试中的估算百分位下限明显不同，表明 GPT-4 在没有视觉输入的情况下能够在多项考试中超越 GPT-3.5，尤其是在复杂的学术测试中，如 AP Calculus BC 和 AMC 12 等。

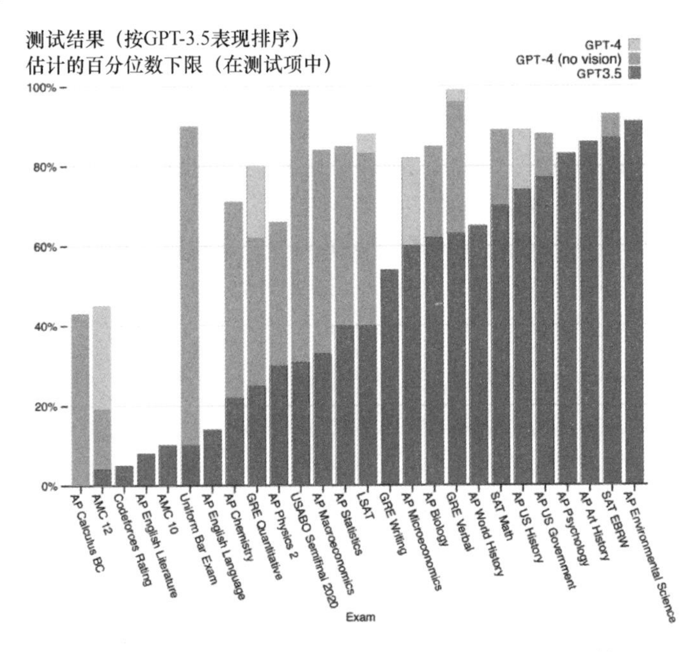

图 1-9　GPT-4 与 GPT-3.5 在多项考试中的表现比较

此外，图中的数据表明，GPT-4 在处理多学科任务（如 AP Chemistry 和 AP Biology）时表现出了更强的能力，表明其在多模态任务和复杂推理中的潜力不断提升。

此外，针对模型幻觉问题，GPT-4 采用更严格的对齐训练策略，结合强化学习与人类反馈强化学习（RLHF），增强生成内容的准确性与可靠性。未来 GPT 系列的发展方向包括更高效的稀疏激活机制、更强的推理能力优化以及低资源消耗的部署策略，以进一步提升大模型的可用性与适应性。

1.2.3 DeepSeek 的诞生与创新

DeepSeek 的诞生标志着人工智能领域的一次重要技术突破，其创新性体现在大模型的多功能融合与灵活应用方面。作为面向智能应用的深度学习平台，DeepSeek 通过深入挖掘自然语言处理、推理计算、图像理解等多模态任务的潜力，提出了一种全新的智能交互模式，填补了传统大模型在实际应用中的一些技术空白。

1. 深度集成与多模态融合

DeepSeek 的核心创新之一在于其对多模态学习的高度集成与优化。与传统的大模型主要聚焦于单一任务不同，DeepSeek 通过将文本、语音、图像等多种数据形式融合，创建了一种跨领域的智能平台。通过采用 Transformer 架构与自注意力机制，DeepSeek 能够对多模态信息进行有效处理和综合，提升了其在复杂场景中的适应能力。

无论是文本生成、情感分析、图像分类，还是语音识别与生成，DeepSeek 都能提供高效、准确的处理结果，展示了其卓越的多任务学习能力。

如图 1-10 所示，该图展示了 DeepSeekMoE 模型中的多头潜在注意力（MLA）及其与 Transformer 的集成。图中，输入通过路由层进行路由，选择多个专家（Experts）进行计算，以便为每个输入选择合适的专家进行处理。

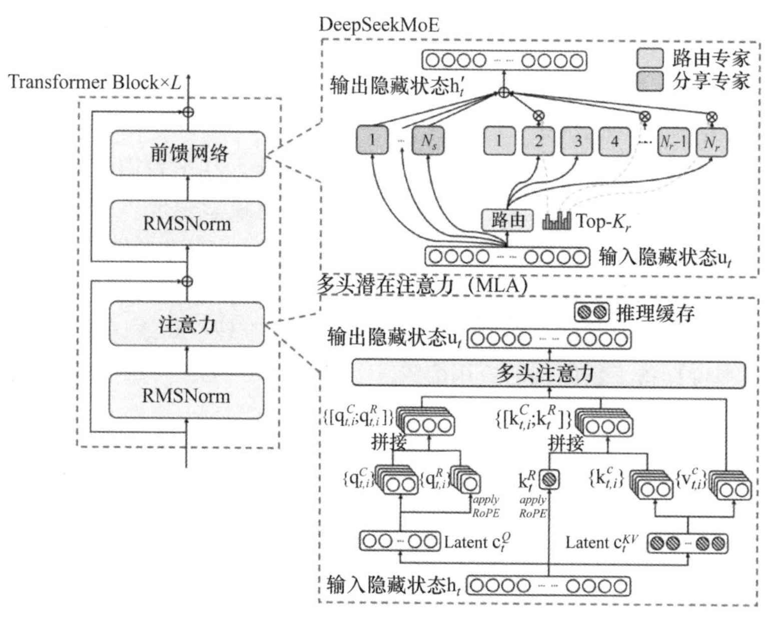

图 1-10 DeepSeekMoE 模型中的多头潜在注意力与 Transformer 集成

多头潜在注意力（MLA）机制结合了多头注意力和潜在隐状态，利用旋转位置编码（Rotary Positional Encoding，RoPE）增强了位置编码的表现。图中的计算流显示前馈网络和 RMSNorm 模块用于处理输入的特征，在生成输出时融合了多个专家的能力。该架构能够在推理过程中缓存并共享专家，从而提高计算效率和模型的表现力。

2. 推理与知识增强的创新

DeepSeek 在推理任务方面的创新尤为突出。在大模型的训练和推理过程中，模型不仅仅依赖传统的基于数据的学习，还引入了知识图谱（Knowledge Graph）和外部知识库的动态更新，使得模型能够结合外部知识进行推理。这种方法通过增强知识推理能力，使 DeepSeek 能够处理更为复杂的任务，例如科学问题解答、医疗诊断建议等，这些任务要求模型在有限的上下文内进行准确推理并结合背景知识。

3. 高效的 API 与可扩展性设计

另一个创新体现在 DeepSeek 开放平台的 API 设计上，DeepSeek 通过提供易于集成的 API 接口，使得开发者能够轻松调用大模型的能力进行定制开发。无论是文本生成、对话系统，还是复杂的推理任务，DeepSeek 的 API 接口都具备高度灵活性，支持任务的快速切换与参数的动态调整。

此外，DeepSeek 还提供了基于微调（Fine-Tuning）的模型优化机制，开发者可以根据具体业务需求，快速将平台提供的基础模型进行定制，以提高模型的业务适配度和精准度。

4. 自动化与智能化的优化

DeepSeek 不断追求在自动化与智能化方向的优化，其平台内置了基于强化学习和进化算法 的自优化机制，通过持续的反馈机制优化模型表现。这使得 DeepSeek 能够根据使用场景和实际应用的需求，自动调整模型参数，改进推理效率与准确性。

总的来说，DeepSeek 的诞生不仅推动了人工智能技术的发展，也开创了大规模智能应用的新时代，尤其是在多模态集成、知识增强推理、高效 API 设计等方面的创新，使得该平台具备了更广阔的应用前景。

1.3 大模型的应用场景与案例

随着大模型的计算能力不断提升，其应用范围已从传统的文本处理扩展至多个行业领域，涵盖智能客服、教育辅助、医疗诊断、金融分析及创意内容生成等多种场景。依托庞大的语料库与深度学习算法，这些模型能够提供高效、精准的智能化解决方案，提高信息处理能力，优化业务流程，推动自动化技术的发展。

无论是通过自然语言理解提升交互体验，还是利用数据分析支持决策优化，大模型在各行业的价值已日益凸显。本节将重点介绍大模型在不同应用场景中的典型案例，分析其技术优势及实际应用成效。

1.3.1 智能客服

基于 DeepSeek 的智能客服应用场景具有广泛的适用性，大模型的强大自然语言理解与生成能力能够显著提升客户服务的效率与质量。智能客服系统可以实现从基本的自动问答到复杂的多轮对话、情感分析与个性化推荐等多种功能。

通过整合 DeepSeek 的大模型 API 与其他相关技术，开发者能够高效构建智能客服应用，提升客户满意度并降低人工成本。

（1）自动化问答

通过 DeepSeek 的自然语言处理能力，智能客服能够理解客户的询问，并通过模型生成准确的答案。这类系统通常基于大规模的 FAQ 库、知识库或历史对话数据进行训练，能够快速响应常见问题，如账户查询、产品功能、服务条款等。

通过 API 接口，开发者可以将 DeepSeek 模型与现有的客服系统集成，实现自动化的客户支持服务，减少客户等待时间并提高服务效率。

（2）多轮对话与上下文理解

对于复杂的客服需求，智能客服需要进行多轮对话并保持对话的上下文。在这一过程中，DeepSeek 模型能够基于多轮对话的上下文信息，动态理解客户意图并提供相关回复。

例如，客户可能在多轮对话中逐步提供问题细节，系统需要精准地识别问题的关键并持续优化回答。通过 DeepSeek 的多轮对话 API，开发者可以建立基于上下文的对话系统，使得客服体验更加顺畅与自然。

（3）情感分析与个性化服务

DeepSeek 的情感分析功能可以帮助智能客服系统实时判断客户的情绪状态。例如，当客户表现出不满或困惑时，系统能够调整应答策略，通过积极的语言或快速转接人工客服来缓解客户的不愉快。

此外，基于用户的历史行为、偏好和需求，DeepSeek 还能够提供个性化的服务推荐，使得智能客服系统不仅是解答问题的工具，更是一个智能化的顾客关系管理平台。

（4）多模态支持

除了文本输入，DeepSeek 还支持语音识别与图像理解等多模态信息的处理，因此在多模态客服应用场景下，客户可以通过语音、图片或文本等多种方式与客服系统进行互动。

这种跨模态能力使得客服系统可以处理更加复杂的客户需求，例如用户发送图片描述问题，系统通过图像分析并结合文本理解生成相关的解答。

（5）系统架构设计

在构建基于 DeepSeek 的智能客服系统时，首先需要设计系统的整体架构。通常，智能客服系统由前端交互层、后端处理层和数据库层组成。

前端负责与客户进行交互（如 Web 聊天窗口、手机 App、语音助手等），后端则负责将客户输入发送至 DeepSeek 的 API，并处理返回的结果，最后将结果反馈至前端。开发者需要选择适合的框架来支撑 API 请求，如 FastAPI、Flask 等轻量级 Web 框架。

（6）DeepSeek API 集成与定制化

开发者可以通过 DeepSeek 提供的 API 接口调用模型，在系统后端进行数据预处理后，将输入文本发送至 DeepSeek API，获取模型生成的答案。在实际应用中，为了满足特定场景需求，开发者还可以对 DeepSeek 模型进行微调，使其更好地适应特定领域的问答内容。

例如，通过对历史客服数据的训练，可以提升模型对行业术语、公司特有问题的理解能力。微调过程中，结合深度学习的迁移学习技术，可以避免从头开始训练，降低开发成本。

（7）自然语言理解与文本生成优化

在智能客服系统中，准确理解客户意图并生成高质量的回复是关键。为了提高模型的响应准确性，可以通过优化提示词设计（Prompt Engineering），引导模型输出符合业务需求的内容。

例如，针对客户的询问，可以通过适当的提示词帮助模型聚焦于具体问题，避免产生歧义或误导性回复。同时，针对常见问题，可以通过设计模板化的回答或基于模型的动态生成策略，从而提供更加一致和专业的服务质量。

（8）多轮对话管理与会话状态管理

在多轮对话场景下，保持上下文的连贯性至关重要。开发者需要设计一个会话管理模块，用于存储用户的对话历史和状态信息，以确保系统能够准确理解用户的意图并根据历史对话进行上下文推理。

DeepSeek 的 API 支持多轮对话功能，因此开发者只需合理利用会话信息和上下文模型，便能生成更具一致性和连贯性的对话内容。

（9）性能监控与优化

在智能客服的实际运营中，系统的响应速度、稳定性以及处理能力至关重要。开发者需要设置合适的性能监控机制，跟踪 API 调用次数、响应时间等指标，及时发现性能瓶颈并进行优化。

例如，通过设置缓存机制减少重复请求，或者通过分布式架构提升系统的并发处理能力，来确保在高并发的情况下，客服系统仍然能够稳定运行。

下面是使用 DeepSeek API 接口开发 Web 端智能客服助手的示例，包括前端 HTML 部分以及后端开发实现。

（1）基于 DeepSeek API 接口开发的 Web 端智能客服助手的前端 HTML 代码示例。

```
<! DOCTYPE html>
<html lang="zh-CN">
<head>
```

```
<meta charset="UTF-8">
<meta name="viewport" content="width=device-width, initial-scale=1.0">
<title>智能客服助手</title>
<style>
    body {
        font-family: Arial, sans-serif;
        background-color: #f7f7f7;
        margin: 0;
        padding: 0;
    }
    .container {
        max-width: 1200px;
        margin: 50px auto;
        padding: 20px;
        background-color: #fff;
        box-shadow: 0 4px 12px rgba(0, 0, 0, 0.1);
        border-radius: 10px;
    }
    header {
        text-align: center;
        margin-bottom: 20px;
    }
    h1 {
        color: #333;
    }
    .settings {
        display: flex;
        justify-content: space-between;
        margin-bottom: 20px;
    }
    .settings select, .settings input {
        padding: 10px;
        font-size: 16px;
        border: 1px solid #ccc;
        border-radius: 5px;
    }
    .chat-box {
        max-height: 400px;
        overflow-y: auto;
        padding: 15px;
        background-color: #f1f1f1;
        border-radius: 8px;
```

```
            margin-bottom: 20px;
        }
        .chat-box p {
            background-color: #e1f5fe;
            padding: 10px;
            border-radius: 5px;
            margin: 5px 0;
        }
        .chat-box .user {
            background-color: #d1c4e9;
        }
        .input-box {
            display: flex;
            justify-content: space-between;
            align-items: center;
        }
        .input-box input {
            width: 80%;
            padding: 10px;
            font-size: 16px;
            border: 1px solid #ccc;
            border-radius: 5px;
        }
        .input-box button {
            width: 15%;
            padding: 10px;
            background-color: #4caf50;
            color: #fff;
            border: none;
            border-radius: 5px;
            cursor: pointer;
        }
        .input-box button:hover {
            background-color: #45a049;
        }
    </style>
</head>
<body>

<div class="container">
    <header>
        <h1>智能客服助手</h1>
```

```
    </header>

    <!-- 设置选项 -->
    <div class="settings">
        <div>
            <label for="model-select">选择模型:</label>
            <select id="model-select">
                <option value="gpt-3.5-turbo">GPT-3.5-turbo</option>
                <option value="gpt-4">GPT-4</option>
                <option value="deepseek-model">DeepSeek Model</option>
            </select>
        </div>
        <div>
            <label for="temperature">调整温度:</label>
            <input type="range" id="temperature" min="0" max="2" step="0.1"
value="0.7">
            <span id="temperature-value">0.7</span>
        </div>
    </div>

    <!-- 聊天框 -->
    <div class="chat-box" id="chat-box">
        <!-- 聊天内容会动态显示在这里 -->
    </div>

    <!-- 输入框 -->
    <div class="input-box">
        <input type="text" id="user-input" placeholder="请输入您的问题...">
        <button id="send-btn">发送</button>
    </div>
</div>

<script>
    //监听温度输入的变化
    document.getElementById('temperature').addEventListener('input', function () {
    document.getElementById('temperature-value').innerText=this.value;
    });

    //发送消息到聊天框
    function sendMessage(message, sender='user') {
        const chatBox=document.getElementById('chat-box');
        const messageElement=document.createElement('p');
```

```
    messageElement.classList.add(sender);
    messageElement.innerText=message;
    chatBox.appendChild(messageElement);
    chatBox.scrollTop=chatBox.scrollHeight; // 滚动到最新消息
  }

  //处理发送按钮单击
  document.getElementById('send-btn').addEventListener('click', function () {
      const userInput=document.getElementById('user-input').value;
      if (userInput.trim() === "") return;
      sendMessage(userInput);

      //调用 DeepSeek API 接口
      const model=document.getElementById('model-select').value;
      const temperature=document.getElementById('temperature').value;

      //发送请求到后端处理(这里假设后端已集成 DeepSeek API)
      fetch('/api/chat', {
          method: 'POST',
          headers: {
              'Content-Type': 'application/json',
          },
          body: JSON.stringify({
              model: model,
              temperature: temperature,
              user_input:userInput
          })
      })
      .then(response => response.json())
      .then(data => {
          //展示 AI 的回答
          const aiMessage=data.response || "抱歉,我无法理解这个问题。";
          sendMessage(aiMessage, 'ai');
      })
      .catch(error => {
          sendMessage("发生错误,请稍后再试。", 'ai');
          console.error("Error:", error);
      });

      document.getElementById('user-input').value=''; // 清空输入框
  });
</script>
```

```
</body>
</html>
```

以上代码解析如下。

① 界面设计：包含“选择模型”（GPT-3.5、GPT-4、DeepSeek）下拉菜单。“提供温度”调整滑块，能够实时调整并显示当前温度值。“聊天框显”示用户与 AI 的对话内容，区分用户和 AI 的消息，UI 有所不同。“输入框”与“发送”按钮，用于用户输入问题并发送给 AI。

② 前端交互：温度调整——用户可以通过滑块调整温度值（从 0 到 2），影响 AI 生成内容的随机性。温度值显示在页面上。消息发送——用户输入消息后，通过单击“发送”按钮，消息会显示在聊天框中，随后向后端发送请求。API 请求——前端通过 fetch API 向后端发送请求，后端通过集成 DeepSeek API 来处理用户输入，并返回 AI 回复。此部分假设后端已正确配置 DeepSeek API 并进行数据交互。

③ 后端集成：需要一个后端接口（如/api/chat），负责接收用户输入，调用 DeepSeek API，并返回 AI 的生成结果。

④ 外观与功能：界面简洁、美观，易于交互。可以根据实际需要进一步扩展功能，如会话历史管理、用户身份识别、情感分析等。

（2）下面是与前端代码配套的后端代码示例，使用 Python 的 Flask 框架来处理后端请求并与 DeepSeek API 进行交互。

```
from flask import Flask, request,jsonify
import requests
import json

app=Flask(__name__)

# DeepSeek API 配置
DEEPSEEK_API_URL="https://api.deepseek.com/your-endpoint"
API_KEY="your-api-key"  # 在 DeepSeek 官网获取的 API 密钥

# 定义一个 POST 接口,接收前端的聊天请求
@app.route('/api/chat', methods=['POST'])
def chat():
    # 获取前端发送的请求数据
    data=request.get_json()
    model=data.get('model', 'gpt-3.5-turbo')  # 默认使用 GPT-3.5-turbo
    temperature=data.get('temperature', 0.7)
    user_input=data.get('user_input', '')
```

```
    # 准备 API 请求的参数
    headers = {
        'Authorization': f'Bearer {API_KEY}',
        'Content-Type': 'application/json',
    }

    payload = {
        "model": model,
        "temperature": temperature,
        "messages": [
            {"role": "user", "content": user_input}
        ]
    }

    # 调用 DeepSeek API 进行处理
    try:
        response = requests.post(DEEPSEEK_API_URL, headers=headers, data=json.
dumps(payload))
        response_data = response.json()

        # 从 DeepSeek API 返回的数据中获取 AI 的回应
        ai_response = response_data.get('choices', [{}])[0].get('message', {}).
get('content', '抱歉,我无法理解这个问题。')

        # 返回 AI 的回应给前端
        return jsonify({'response': ai_response})

    except Exception as e:
        return jsonify({'response': "发生错误,请稍后再试。", 'error': str(e)})


if __name__ == '__main__':
    app.run(debug=True)
```

① Flask 框架：使用 Flask 来搭建一个简单的 Web 服务器。Flask 是 Python 中常用的 Web 框架，可以快速构建 API 接口。

② 接收前端请求：当用户在前端输入消息并单击“发送”按钮时，前端通过 fetch 请求将数据发送到后端的/api/chat 接口。后端从请求中提取出 model、temperature 和 user_input，这些数据包含了用户选择的模型类型、温度值和用户的输入问题。

③ DeepSeek API 请求：使用 requests 库向 DeepSeek API 发送 POST 请求，将用户输入的内容传递给 DeepSeek 模型。请求的 payload 包含了 model、temperature、messages 等必要参数，messages 部分包括了用户的对话内容。后端获取 DeepSeek API

的响应，并从中提取出模型生成的答复。智能客服助手前端页面如图 1-11 所示。

智能客服助手
选择模型：DeepSeek Model
调整温度：0.7
请输入您的问题...
发送

图 1-11　智能客服助手前端页面

使用方法：前端的 HTML 页面和后端的 Flask 服务在同一台机器上运行时，Flask 默认在 http://127.0.0.1:5000 运行。在前端的 fetch 请求中，/api/chat 路径会自动指向本地 Flask 服务的接口。如果前端与后端部署在不同的服务器上，则需要调整前端的 fetch 请求地址为后端服务器的 URL，并确保跨域问题得到解决（可通过 CORS 配置解决跨域问题）。

在前端代码中，fetch('/api/chat ', {...}) 部分会向后端的/api/chat 接口发送请求。前端将 model、temperature 和 user_ input 作为请求的正文内容发送给后端，后端将返回处理后的 AI 回答。

随后，启动 Flask 后端服务，打开前端的 HTML 页面，通过浏览器进行交互，用户输入问题并单击“发送”按钮，前端会通过 fetch 请求向后端发送数据。后端通过 DeepSeek API 获取答案并返回给前端，显示在聊天框中。

以“请告诉我如何通过满减活动购买厨房用具”问题为例，测试智能助手的功能如图 1-12 所示。

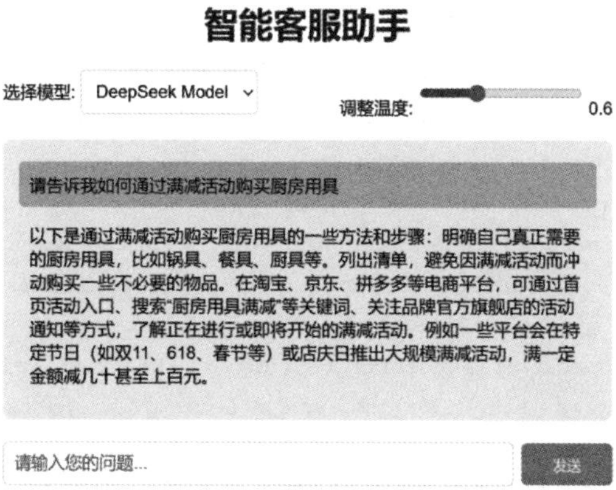

智能客服助手
选择模型：DeepSeek Model
调整温度：0.6
请告诉我如何通过满减活动购买厨房用具
以下是通过满减活动购买厨房用具的一些方法和步骤：明确自己真正需要的厨房用具，比如锅具、餐具、厨具等。列出清单，避免因满减活动而冲动购买一些不必要的物品。在淘宝、京东、拼多多等电商平台，可通过首页活动入口、搜索"厨房用具满减"等关键词、关注品牌官方旗舰店的活动通知等方式，了解正在进行或即将开始的满减活动。例如一些平台会在特定节日（如双11、618、春节等）或店庆日推出大规模满减活动，满一定金额减几十甚至上百元。
请输入您的问题...
发送

图 1-12　智能助手功能测试

总的来说，基于 DeepSeek 的智能客服系统，不仅能够实现高效、准确的自动化服务，还能够在用户需求复杂化、场景多样化的情况下提供个性化的响应与支持。开发者通过结合 DeepSeek 的强大能力与细致的系统设计，可以创建一个高效、智能、全面的客服解决方案。

1.3.2 教育辅助

教育辅助系统的核心原理是人工智能、大数据与深度学习技术的高度融合，提供个性化、精准的教育体验。通过大规模数据集的训练，AI 系统能够识别学生的学习习惯、知识掌握情况以及情感状态，从而为每个学生提供量身定制的学习方案。

基于自然语言处理（NLP）和机器学习算法，教育辅助系统能够理解和生成自然语言，进而在辅导、批改作业、知识点讲解等任务中提供智能支持。

系统的运行机制通常包括多个组件：首先是数据采集与预处理阶段，通过从学习管理系统、在线教育平台等多渠道收集学生的学习行为数据、作业成绩、互动反馈等信息，构建全面的学习画像。其次，基于这些数据，深度神经网络模型能够自动识别学生的学习瓶颈，分析其认知水平和理解深度，进而提供个性化的教学内容推荐与实时反馈。尤其是在自然语言处理方面，AI 能够自动分析学生在作业、测试中的语言表达，精准识别学生理解上的偏差，并提供纠正建议。

此外，教育辅助系统中的推理引擎利用先进的知识图谱与推理算法进行深度推理，结合学科知识与学生的历史学习数据，为学生提供动态且符合其需求的学习路径。通过大模型的深度学习能力，系统不仅能够理解并反馈文本内容，还能够对视频、图像等多模态数据进行处理，为学生提供多元化的学习资源。

以下是基于 DeepSeek 模型的教育辅助应用场景示例。其中“用户”通过与 DeepSeek 模型的交互来解决学习过程中的问题，例如理解一篇课文的主要内容或解决数学问题。此示例展示了如何通过自然语言交互提高学习效率。

用户：“请帮我总结一下这篇英文课文的主要内容：

‘In the heart of the city, a group of young engineers came together to work on an ambitious project. The project was about creating sustainable energy solutions for urban areas, reducing carbon footprints and ensuring that future generations have access to clean energy. They faced challenges, including tight deadlines, limited resources, and skepticism from some city officials. However, through teamwork and innovative thinking, they developed a breakthrough technology that was praised by environmental experts and policymakers alike. The success of the project sparked interest from other cities worldwide, and it became a model for sustainable urban development.’”

DeepSeek 模型响应：“这篇课文的主要内容讲述了一群年轻工程师在城市中共同努力开展一项雄心勃勃的可持续能源项目的故事。该项目旨在为城市地区创造清洁能源解决方案，减少碳足迹，并确保未来世代能够享有清洁能源。尽管面临紧迫的时间表、有限的资源和一些市政府官员的怀疑，他们依然通过团队合作和创新思维，开发出了一项突破性的技术。这项技术得到了环保专家和政策制定者的赞誉，并激发了其他城市政府官员的兴趣，成为可持续城市发展的典范。”

用户：“这篇文章提到的技术突破是什么？能详细说明吗？”

DeepSeek 模型响应：“文章并未具体描述技术突破的详细内容，但从上下文可以推测，该突破涉及一种新型的可持续能源技术，可能是在减少能源消耗和碳排放方面取得了创新性的进展。这种技术得到了环保专家的高度评价，暗示它可能在提升能源效率、降低环境影响方面具有革命性作用。具体的技术细节可能包括太阳能、风能或其他清洁能源技术的创新应用，或者是在能源存储和分配上的新方案。”

用户：“这个团队面临的最大挑战是什么？如何解决的？”

DeepSeek 模型响应：“团队面临的最大挑战是紧迫的项目时间表、有限的资源以及一些市政府官员的怀疑。为了克服这些挑战，他们依靠团队合作和创新思维，最大限度地利用现有资源，并通过集思广益解决技术难题。虽然文章没有详细说明具体的解决方案，但可以推测，他们可能通过跨学科的合作、外部专家的支持以及高效的项目管理，最终开发出突破性的技术。”

用户：“这项技术的成功对于全球其他城市的影响是什么？”

DeepSeek 模型响应：“这项技术的成功激发了其他城市的兴趣，并成为可持续城市发展的典范。它不仅为其他城市提供了一个成功的示范，证明了在面对资源限制和环境压力时，创新的可持续解决方案是可能的，而且可能促使全球范围内更多城市采纳类似的技术和策略。该项目的成功展示了创新思维和跨界合作的重要性，推动了全球城市在能源领域向更加环保和可持续的方向发展。”

在这个实例中，用户通过与 DeepSeek 模型的互动，得到了对课文的总结、细节分析和对项目的深入理解。DeepSeek 模型通过自然语言处理（NLP）和推理能力，能够根据用户的需求进行信息提取、概括和解答，帮助用户快速掌握课文的关键内容及其相关背景信息。

通过这种智能互动，教育辅助系统能够为学生提供个性化的学习支持，不仅帮助学生理解学习材料，还能够引导学生深入思考课文中的具体问题，为教学过程提供智能化辅助。教育辅助系统的成功应用依赖于高效的用户界面设计，使得学生能够在交互过程中获得积极的学习体验。

借助 AI 技术，学生可以通过实时反馈、智能问答等方式，快速解决学习中遇到的问题，而教师则可以通过系统提供的数据分析报告，准确把握每个学生的学习状态，及时调整教学策略，优化课堂内容，从而提高教学质量和效果。

1.3.3 医疗诊断

医疗诊断辅助系统依托于大数据分析、深度学习和人工智能技术的综合应用，旨在通过对海量医学数据的处理与分析，协助医生做出精准的诊断决策。这些系统通过整合病历数据、影像学资料、基因组信息等多种来源的数据，结合先进的模式识别与机器学习算法，实现对疾病的早期发现、精准诊断和个性化治疗方案的推荐。

医疗诊断系统通常采用卷积神经网络（CNN）等深度学习模型来处理医学影像

数据，进行病变检测与图像分类。通过训练网络对成千上万的医疗影像进行学习，系统能够自动识别影像中的异常结构，如肿瘤、病变区域、血管堵塞等，并进行分级与标注，为医生提供有价值的辅助信息。在影像学领域，深度学习的表现优于传统图像处理方法，能够从细微的图像特征中识别潜在病变，达到医生难以察觉的精度。

此外，基于自然语言处理（NLP）技术，医疗诊断系统可以分析电子病历中的文本数据，包括患者的症状描述、历史疾病信息、药物使用记录等。通过对这些非结构化数据的深入挖掘，系统能够发现潜在的疾病关联，进行疾病预测和风险评估。同时，通过分析医生的诊断记录和治疗方案，系统能够为医生提供最佳的治疗推荐，并考虑到患者的病情、年龄、性别等因素，制定个性化的治疗方案。

在疾病预测方面，机器学习模型通过对大量历史病例和患者数据的分析，可以识别出不同疾病的潜在风险因素，并基于此进行疾病预测。结合基因组数据和生物标志物分析，AI 能够预测个体的疾病易感性，协助医生进行早期筛查和预防性干预。例如，通过分析基因突变、蛋白质表达等信息，AI 系统能够为癌症的早期诊断提供支持，提高早期发现率和治愈率。

以下是基于 DeepSeek 模型的医疗诊断应用场景示例，其中“用户”通过与 DeepSeek 模型的交互来寻求疾病诊断建议或了解相关医学知识。此示例展示了如何通过智能对话系统在医疗领域辅助诊断与决策。

用户：“我最近经常感到疲倦、头痛、食欲不振，并且睡眠质量也很差。我还有时出现恶心的症状，尤其是在早晨。请问这可能是什么病症？”

DeepSeek 模型响应：“根据您描述的症状，如疲倦、头痛、食欲不振、睡眠质量差和早晨恶心，可能与多种病因相关。常见的疾病包括：

甲状腺功能异常：如甲状腺功能低下症，常见症状包括疲倦、食欲变化和体重变化。

消化系统疾病：如胃食管反流病（GERD）或胃溃疡，可能引发晨起恶心和食欲不振。

精神健康问题：如抑郁症或焦虑症，可能伴随睡眠障碍、头痛和食欲减退等症状。

慢性疲劳综合症：这也可能导致持续的疲劳和头痛，且影响睡眠。鉴于症状的多样性，建议尽快就医，进行全面的体检和必要的实验室检查，以便确认具体诊断。”

用户：“我最近有压力较大，工作很繁忙，是否有可能是与心理压力相关的病症？”

DeepSeek 模型响应：“心理压力过大会对身体健康产生广泛影响，可能导致多种身体症状。压力相关的常见疾病包括：

抑郁症：常表现为情绪低落、疲倦、食欲不振、睡眠问题等。

焦虑症：可能导致头痛、恶心、食欲下降，并加重疲劳感。

紧张性头痛：常由心理压力引发，通常伴随头部压迫感或紧绷感。

肠易激综合征（IBS）：心理压力会加剧胃肠不适，如腹痛、恶心和食欲不振。压力的长期积累还可能导致免疫功能下降，增加身体对其他疾病的易感性。建议您尝试减压，并及时寻求心理或医疗帮助。”

用户：“如果是抑郁症，应该如何进一步诊断？”

DeepSeek 模型响应：“抑郁症的诊断通常由专业医生通过临床评估完成，包括以下几个方面：

症状评估：医生会询问有关情绪低落、失去兴趣、疲倦、失眠或嗜睡、食欲变化、身体不适等症状的问题。

症状持续时间：抑郁症的诊断通常要求症状持续至少两周。

排除其他疾病：医生会进行一系列检查，以排除其他可能导致相似症状的疾病，如甲状腺问题、贫血等。

心理评估：通过与心理健康专家的交流，评估是否存在情绪、认知、行为方面的障碍。确诊后，抑郁症通常通过药物治疗和心理治疗相结合的方式进行治疗。"

用户："我听说抗抑郁药物有副作用，能给我介绍一下吗？"

DeepSeek 模型响应："抗抑郁药物的副作用因人而异，常见的副作用包括：

胃肠不适：如恶心、食欲不振、体重变化等。

失眠或嗜睡：部分药物可能导致入睡困难或白天嗜睡。

性功能障碍：如性欲下降、性高潮困难等。

体重增加：某些药物可能导致体重增加，尤其是在长期使用时。

情绪波动：有时药物会导致焦虑加剧或躁动感。

精神运动性激越：例如焦虑、神经过敏等，尤其在初期使用时较为常见。在使用抗抑郁药物时，建议在医生指导下进行，及时报告任何不适症状。"

在这个医疗诊断应用场景中，用户通过与 DeepSeek 模型的交互获得了关于症状、可能的疾病、治疗建议以及药物副作用等相关信息。DeepSeek 模型通过自然语言处理（NLP）技术能够快速识别用户的症状描述，利用其庞大的医学知识库和推理能力，提供可靠的诊断方向和治疗方案。

通过这种智能对话，用户可以获得初步的诊断建议，帮助其及时就医并理解可能的治疗方案。这种方式不仅可以缓解患者的焦虑情绪，还能提高医疗效率，特别是在初诊阶段提供有价值的信息。

1.3.4 金融分析

金融分析系统依托于大数据处理、机器学习和深度学习技术的结合，通过对海量金融数据的挖掘和分析，提供对市场趋势、风险评估、资产配置等多方面的智能支持。这些系统通常通过对历史金融数据、市场交易行为、宏观经济指标等多维度信息的学习，来预测股票市场、债券市场、外汇市场等的价格波动，并辅助投资决策、风险管理和战略规划。

在股票市场分析中，深度学习模型特别是循环神经网络（RNN）和长短期记忆网络（LSTM）被广泛应用于时间序列数据的预测。通过对股价历史走势、交易量、财报数据等的分析，模型能够识别出潜在的市场趋势和价格波动规律，从而实现短期和长期的股市预测。这些模型通过提取不同时间尺度的特征，能够捕捉到市场中的周期性波动、突发事件的影响以及投资者情绪的变化。

在风险管理方面，机器学习算法可以帮助分析和预测金融市场中的各种风险因素，包括市场风险、信用风险、操作风险等。通过对历史交易数据、市场波动、企业财务状况等进行建模，系统能够评估不同资产组合的风险暴露，并基于此为投资者提供优化的风险控制策略。例如，基于蒙特卡罗模拟和 VaR（风险价值）分析，AI 系统能够评估不同市场条件下的风险，并提出相应的对冲策略。

资产配置问题是金融分析中的关键问题之一。AI 通过大数据技术和优化算法，能够在多种资产类别之间进行智能配置，达到最大化收益与最小化风险的目标。通过对全球金融市场、行业趋势、公司财报、宏观经济数据等进行实时分析，系统能够提供动态的资产配置建议，并基于实时数据不断调整投资组合。例如，基于 Markowitz 均值-方差优化理论和深度学习算法的结合，系统能够为投资者提供风险调整后的最优投资组合。

以下是基于 DeepSeek 模型的金融分析场景“用户”与 DeepSeek 模型的交互实例。

用户：“最近股市波动较大，请分析一下最近三个月 A 股的市场趋势，尤其是科技股和新能源板块的表现。”

DeepSeek 模型响应：“根据最近三个月的数据，A 股市场在科技股和新能源板块中表现出了显著的波动性。在科技股方面，尽管经历了一些回调，但总体趋势较为向上，尤其是在人工智能和半导体领域，受政策支持和全球技术创新的推动，部分龙头股表现亮眼。新能源板块则受到了国内外政策调整、国际原材料价格波动等因素的影响，波动性较大，尤其是电池材料和光伏企业的股票，在短期内显示出较强的市场活跃度，但长期投资者应警惕市场情绪的变化。总体而言，A 股市场的波动性加大，科技股和新能源板块的表现受多重因素影响，建议在投资时采取分散化策略，关注长期投资价值。”

用户：“请预测一下未来一个季度，科技股和新能源板块的表现，主要依赖哪些宏观经济因素？”

DeepSeek 模型响应：“未来一个季度，科技股和新能源板块的表现将受到以下几个宏观经济因素的影响：

国内经济增长：中国 GDP 增速、消费数据以及政府出台的经济刺激政策将直接影响这些板块的表现；

国际贸易环境：全球贸易政策特别是中美关系及全球供应链调整，可能对科技股的出口和国际竞争力产生重要影响；

政策导向：中国政府对科技创新、绿色能源等领域的政策扶持，可能进一步推动相关企业的增长，尤其是新能源领域的电池、光伏等细分行业；

利率和货币政策：央行的货币政策将影响市场的整体资金面，较低的利率水平通常有利于高风险资产，特别是成长性较强的科技股；

原材料价格波动：新能源行业受全球原材料价格，尤其是锂、钴等关键材料价格波动的影响较大，这对板块的成本结构和盈利预期具有显著影响；

全球疫情及其经济复苏：尽管全球疫情情况有所改善，但疫情对全球供应链的持续影响，以及国际市场的复苏进程，仍将影响科技和新能源板块的需求预期。

总体来看，科技股和新能源板块的走势将与宏观经济环境密切相关，投资者需要密切关注全球经济动态及政策变化。”

用户：“根据当前的宏观经济形势，您建议在未来一个季度，如何调整投资策略？”

DeepSeek 模型响应：“在未来一个季度，投资策略应考虑以下几个方面：

分散风险：考虑到市场的波动性，建议在科技股和新能源板块中进行适当的资产配置分散，避免集中投资于单一领域或单一股票；

关注政策导向：特别关注政府对于科技创新和新能源产业的支持政策，相关股票可能在政策刺激下表现突出，适合选择符合政策方向的龙头企业进行投资；

短期与长期相结合：短期内可能存在较大的市场波动，投资者可以适当进行短期的波段操作，但长期来看，依然建议关注科技创新和绿色能源的长期增长潜力；

全球视野：全球宏观经济形势和国际贸易环境对科技股的影响不可忽视，建议投资者关注美国、欧洲等市场的经济数据及政策变化，尤其是中美关系对科技产业链的影响；

稳健投资：鉴于市场的不确定性，建议增加稳健性投资组合，如债券、消费品板块等低波动性资产，以应对潜在的市场风险。”

用户：“请给我一些在新能源板块中表现较好的公司，并分析它们的未来前景。”

DeepSeek 模型响应：“在新能源板块中，以下几家公司表现较好，未来前景可期：

宁德时代：作为全球领先的动力电池供应商，宁德时代受益于全球电动车市场的快速增长，并且在技术创新、生产能力扩张方面持续发力。未来几年，随着新能源汽车渗透率的提升，宁德时代将继续稳居行业领军地位；

隆基股份：隆基股份是全球领先的光伏产品制造商，凭借其在单晶硅技术上的优势，继续在全球市场中占据领先地位。未来随着全球对清洁能源需求的增加，隆基股份将继续享受行业增量红利；

比亚迪：作为新能源汽车的领先企业，比亚迪不仅在电动乘用车领域表现出色，还在动力电池、太阳能等多个新能源领域布局。未来随着政策支持和市场需求的增加，比亚迪有望持续增长；

阳光电源：阳光电源专注于光伏逆变器的研发和生产，其产品广泛应用于全球光伏发电项目。随着全球光伏装机量的增加，阳光电源的市场份额和盈利能力有望进一步提升。”

金融分析还包括对市场情绪的分析，尤其是在数字化时代，社交媒体和新闻对市场的影响愈加重要。通过自然语言处理（NLP）技术，AI 系统能够分析新闻、论坛、微博等多渠道的舆情数据，识别出市场情绪变化，预测市场对重大新闻事件的反应，并帮助投资者利用市场波动调整投资策略。

总体而言，金融分析系统不仅提高了市场预测的精度，还能够提供深度的市场洞察与决策支持，在提高金融服务效率、降低投资风险和提升资产管理水平方面发挥着重要作用。

1.3.5 创意内容生成

创意内容生成系统融合了自然语言处理（NLP）、计算机视觉、深度学习等前沿技术，致力于通过智能算法自动化生成富有创意和高质量的文本、图像、视频等内容。这类系统的核心优势在于利用大数据和模型训练，从海量数据中提取和学习语言和视觉的规律，生成符合特定需求的内容，不仅极大提高了创意生产的效率，还为创作者提供了灵感和创作支持。

在文本内容生成方面，基于 Transformer 架构的语言模型，尤其是如 GPT 等生成模型，通过对大量语料库的训练，能够理解和模仿不同文本风格、语境及语言结构。

这些系统可以根据输入的提示词自动生成文章、博客、广告文案、新闻稿等各类文本内容，且在内容创意和逻辑性方面具有高度的自适应能力。例如，利用大模型生成广告文案时，系统不仅考虑语言的简洁性和吸引力，还会结合市场情绪和消费者行为进行创作，从而生成符合品牌定位的内容。

在图像与视频内容生成方面，生成对抗网络（GANs）作为深度学习的重要分支，通过对大量图像数据的训练，能够自动生成新的、富有创意的图像或视频。例如，GANs 可以在艺术创作中模拟不同艺术家的风格，生成风格化的艺术作品；在影视制作中，通过 AI 生成的脚本、角色设计、场景合成等能够帮助制作团队更快地实现视觉效果的创意呈现。此外，图像生成模型还可以在广告设计、产品原型设计等领域提供支持，提升创意工作的生产效率。

另外，随着多模态学习技术的发展，创意内容生成系统不仅能够处理单一类型的数据，还能结合文本、图像、音频等多种数据源进行创作。比如，基于图文生成模型的 AI，可以根据描述性的文本生成对应的图像，或通过对话的方式为用户提供实时创作灵感和反馈。在这一过程中，系统能够理解语境、情感、视觉元素之间的关系，从而实现更加灵活和多样化的创意内容输出。

创意内容生成系统的应用广泛，尤其在广告创意、内容营销、影视制作、新闻报道等方面展现了巨大的潜力。在广告创作中，AI 能够根据目标用户的兴趣和需求定制个性化内容，提升广告的转化率；在新闻领域，系统能够快速归纳时事新闻并生成专题报道，提高新闻生产的效率。在艺术创作和游戏开发领域，AI 的创作能力也为设计师提供了更多的创作工具和灵感源泉。

以下是基于“创意内容生成”场景的“用户”与 DeepSeek 模型的交互实例。

用户：“请为一家新开的健康饮品店生成一条广告文案，目标受众是注重健康的年轻人，突出天然、无添加的特点。”

DeepSeek 模型响应：

“□【自然之选，健康之味】□

厌倦了化学添加剂的饮品？来尝尝我们的天然健康饮品吧！

□ 100%天然原料，0 添加糖分，每一口都是大自然的馈赠！

□ 为你的健康加分，为你的活力续航！

□ 新店开业，限时优惠，快来体验吧！

#健康生活 #天然饮品 #年轻之选”

用户：“请生成一幅描绘未来城市的图像，并配上一段描述文字。”

DeepSeek 模型响应：

图像描述：

“这幅未来城市图像展现了高耸入云的摩天大楼，建筑表面覆盖着绿色植被，空中飞行器穿梭其间。街道上，机器人与人类和谐共处，太阳能板覆盖的建筑外墙闪烁着微光。整座城市充满了科技与自然的融合感，展现了可持续发展的未来愿景。”

生成图像描述：
（模型生成一幅未来城市的图像，包含上述描述中的元素。）

用户："请为一个运动品牌生成一段 15 秒的短视频脚本，突出产品的轻便与舒适性，目标受众是跑步爱好者。"
DeepSeek 模型响应：
脚本内容：
画面：清晨的阳光洒在公园跑道上，一位跑步者穿上新款运动鞋，系好鞋带。
字幕："轻盈出发，舒适随行。"
画面：跑步者开始慢跑，镜头特写鞋底的缓震科技。
字幕："全新缓震科技，每一步都轻松自如。"
画面：跑步者加速奔跑，镜头切换到鞋面的透气设计。
字幕："透气设计，畅快呼吸。"
画面：跑步者冲过终点，露出满意的笑容。
字幕："［品牌名称］，为热爱奔跑的你而生！"
画面：品牌 Logo 和口号出现。
字幕："轻装上阵，跑出精彩！"

用户："请为一款新推出的智能手表生成一段推广文案，并配上一张展示其功能的图片。"
DeepSeek 模型响应：
文案：
"【智能生活，触手可及】
□ 全新智能手表，你的健康管家、生活助手！
- 实时心率监测，守护你的健康；
- 运动数据追踪，记录每一份努力；
- 智能通知提醒，重要信息不错过；
- 超长续航，陪伴你的每一天。

□ 看图了解更多功能□
#智能科技　#健康生活　#时尚必备"
生成图片描述：
（模型生成一张智能手表的图片，展示其表盘界面、心率监测、运动数据等功能。）

总体而言，创意内容生成系统的核心价值在于通过智能化和自动化的手段，推动创意产业的生产力提升，为各行业提供更加多元化、个性化的创意解决方案。通过不断优化的生成模型，这些系统将继续在创意内容的生产、修改和迭代过程中发挥越来越重要的作用。

1.4 大模型的局限性与挑战

尽管大模型在多个领域展现出卓越的能力，但仍然存在诸多技术与应用层面的局限性。模型幻觉问题使其可能生成不准确或虚构的信息，影响可靠性；数据隐私与安全风险成为广泛部署时的关键挑战，涉及用户隐私保护与潜在滥用风险。此外，计算资源的高昂消耗、推理效率的优化以及对特定任务的适应性问题，也限制了大模型的普及与应用。

本节将重点探讨大模型在实际应用中面临的核心挑战，并分析可能的技术改进方向，以推动其在未来更广泛的应用与持续优化。

1.4.1 模型幻觉问题

模型幻觉（hallucination）问题指的是在自然语言处理任务中，尤其是在大规模预训练语言模型（如 GPT、DeepSeek 等）中，模型生成不真实、不准确或完全虚构的内容，这些内容并没有任何实际依据或与输入数据相关。尽管这些模型能够生成高度流畅且语法正确的文本，但在许多情况下，生成的内容往往与现实世界的知识存在显著偏差，甚至是完全错误的。这一现象被称为“模型幻觉”。

模型幻觉的根源在于深度学习模型特别是生成式大模型的工作机制。大规模预训练语言模型通常依赖于海量的文本数据进行训练，这些数据来自于互联网上的各类文献、文章、对话等。然而，这些文本数据并不是完美无缺的，往往包含有偏见、错误或过时的信息。因此，当模型从这些数据中进行学习时，它不仅仅捕捉到有用的知识和模式，还可能会无意中将错误信息或伪知识带入到生成的文本中。

此外，模型的生成过程是基于概率分布的，即根据输入的上下文信息和语言的统计规律预测下一个词或句子。这种生成机制使得模型更关注如何产生符合语言逻辑和流畅性的内容，而非检验内容的真实性或准确性。这就导致了模型在生成回答时，尽管语法上完美，但其内容可能与实际知识相悖，形成了“幻觉”。

为了应对这一问题，近年来的研究尝试采用多种方法进行优化，如引入外部知识库、实时知识更新、规则约束、生成结果的后处理修正等。与此同时，通过增强模型的知识验证能力和引入更为精确的信息来源，可避免模型生成不切实际的答案，逐步减少幻觉现象的发生。然而，尽管这些研究取得了一定的进展，模型幻觉仍然是当前生成式大模型中的一个重要挑战。

因此，如何有效控制模型幻觉，并使其输出更加真实可靠，仍是自然语言处理领域亟待解决的重要问题。

1.4.2 数据隐私与安全

数据隐私与安全问题在当今信息社会中愈加重要，尤其是在基于大规模数据训练的深度学习模型和自然语言处理模型（如 DeepSeek 等）广泛应用的背景下。随着人工智能技术的迅猛发展，越来越多的用户数据被收集并用于训练和优化模型，而这引发了诸多关于数据隐私和安全的深刻关注。尤其是在涉及敏感数据的领域，如医疗、金融和个人隐私等，确保数据的安全性和隐私性已成为技术发展的首要任务之一。

在大规模预训练模型的训练过程中，海量的文本数据被用来提升模型的表达能力和推理能力，这些数据中可能包含大量的个人信息、敏感内容以及未授权的隐私数据。尽管这些数据经过处理和筛选，但如何确保数据不会被恶意利用或泄露，仍然是一个不可忽视的问题。当前，最常见的安全问题之一是数据泄露，即在数据存储、处理和传输过程中，未经授权的第三方能够访问或窃取数据，从而导致隐私信息的泄露或滥用。

为了应对这一问题，数据加密技术已经成为保护数据隐私的重要手段。通过使用高强度的加密算法（如 AES、RSA 等），可以确保在数据存储和传输过程中，数据内容不被未授权的第三方解读。此外，在模型训练和推理过程中，采用差分隐私（Differential Privacy）技术和联邦学习（Federated Learning）等方法，能够在保障数据隐私的同时，提高模型的训练效率和性能。差分隐私通过对原始数据进行噪声干扰，保证数据分析结果不会泄露个人信息；而联邦学习则是通过在本地设备上进行模型训练，并将更新后的参数共享给中央服务器，避免传输原始数据，从而减少数据泄露的风险。

数据访问权限的管理也是确保数据安全的一个重要方面。通过严格的身份认证与授权机制，能够确保只有具备合法权限的人员或系统才能访问敏感数据。在此基础上，利用访问控制、审计日志、和安全监控等手段，能够及时发现和防范潜在的安全风险和漏洞。

总之，随着 AI 技术的快速进步，数据隐私与安全问题日益成为技术发展的核心挑战之一，如何在保证模型性能的同时，确保数据的隐私性和安全性，将是未来技术创新和法律监管的关键焦点。

1.5 使用插件与微调优化大模型

大模型虽然具备强大的通用能力，但在特定场景下仍需进一步优化，以提升性能、减少资源消耗或适应特定任务需求。插件机制允许模型集成额外的工具或数据源，以扩展其功能边界，提高任务处理的精准度；微调技术则通过在特定数据集上进行训练，使模型更贴合实际应用场景，增强其对领域知识的理解与生成能力。

合理运用插件与微调，不仅能够提高大模型的可用性，还能优化其计算成本与推理效率。本节将详细介绍插件与微调的基本原理、技术实现方式及其在优化大模型过程中的应用价值。

1.5.1 如何进行大模型微调

在深度学习领域，微调（Fine-tuning）指的是在预训练模型的基础上，对其进行额外的训练，以便模型更好地适应特定的任务或数据。对于 DeepSeek 大模型的微调，其核心原理是利用预先训练好的大规模语言模型，通过在特定领域的数据集上进行进一步训练，从而提升模型在该领域任务中的表现。微调模型不仅能够减少训练时间，还能有效避免从零开始训练所需的庞大计算资源。

DeepSeek 大模型的微调通常包括以下几个步骤：数据准备、模型选择、微调配置、训练过程、评估与优化等。

（1）数据准备：微调的第一步是准备高质量的任务数据集，数据集的选择应该与目标任务高度相关。比如，如果目标任务是问答系统的改进，则需要准备标注好的问答数据。如果是情感分析，则需要带有情感标签的文本数据。

（2）模型选择：DeepSeek 提供了多个不同规模的预训练模型，开发者可以根据自己的需求选择合适的模型。一般而言，较大的模型能够捕捉更多的语言特征，但需要更多的计算资源。

（3）微调配置：微调过程中，重要的超参数包括学习率、批次大小、训练步数等，这些超参数将直接影响微调效果。

（4）训练过程：利用 DeepSeek API，可以对模型进行微调。DeepSeek 提供了简单易用的接口，可以直接使用自己的数据进行训练，而不用关心底层复杂的细节。

（5）评估与优化：微调过程中的模型评估与优化至关重要。通常，通过验证集来评估微调后的模型效果，若效果不佳，可以调整超参数、数据集或继续训练。

例如，微调 DeepSeek 模型以进行情感分析任务，以下为具体的代码实现。

```
import openai

# 设置 DeepSeek API 密钥
openai.api_key="your-deepseek-api-key"

# 准备微调数据(格式化为 JSON)
fine_tune_data=[
    {"prompt": "这是一个非常棒的产品！", "completion": "正面"},
    {"prompt": "这个服务真的很差,我不满意", "completion": "负面"},
    {"prompt": "我非常喜欢这次购物体验,回头客", "completion": "正面"},
    {"prompt": "这个地方环境糟糕,员工态度也不好", "completion": "负面"},
]

# 创建训练数据文件
with open("fine_tune_data.json", "w") as f:
```

```
    for item in fine_tune_data:
        f.write(f'{item}\n')

# 微调模型
response=openai.FineTune.create(
    training_file="fine_tune_data.json",          # 数据文件路径
    model="text-davinci-003",                      # 选择合适的预训练模型
    n_epochs=4,                                    # 设置训练轮次
    batch_size=2,                                  # 设置批次大小
    learning_rate=0.0001,                          # 设置学习率
)

print("微调模型创建成功:", response)
```

代码解析如下。

(1) DeepSeek API 密钥配置：使用 openai. api_key 配置 API 密钥，这是访问 DeepSeek API 的凭证。

(2) 准备微调数据：通过构造一个简单的 JSON 格式的数据集来作为微调的训练数据。每个数据项包含一个 prompt（输入文本）和一个 completion（目标输出，即情感标签）。

(3) 训练数据文件：将训练数据写入到一个文件中，DeepSeek API 接收数据文件进行训练。

(4) 微调模型：openai. FineTune. create( ) 是 DeepSeek 提供的微调接口，传入训练数据、预训练模型选择、训练轮次（n_epochs）、批次大小（batch_size）以及学习率（learning_rate）等超参数。

微调后，开发者可以通过以下代码测试微调后的模型。

```
response=openai.Completion.create(
    model="fine-tuned-model-id",           # 使用微调后的模型 ID
    prompt="这家餐厅的服务很好",
    max_tokens=60
)

print("模型预测结果:", response["choices"][0]["text"].strip())
```

微调的目标是输出情感分析，运行结果可能会如下。

```
模型预测结果：正面
```

如果输入的文本包含积极的情感信息，微调后的模型会输出“正面”，而如果是负面的信息，模型会输出“负面”。

DeepSeek 大模型的微调能够让开发者将预训练的强大语言模型转化为具体任务的专用模型。在通过 API 完成微调后，模型的表现会大大提高，特别是在特定领域和特定任务中，能够提供更准确的结果。通过这种方式，DeepSeek 能够实现快速、灵活的模型定制，以满足各种实际需求。

1.5.2 插件和微调的优化效果与应用场景

在大规模语言模型的应用中，插件和微调是两种常见且有效的优化手段。插件通过扩展模型的功能，使其能够处理更加复杂的任务或集成外部数据源，从而提高模型的应用广度与精度；微调则是在现有预训练模型基础上，通过在特定任务数据集上进行训练，使得模型能更好地适应具体应用场景，提高任务完成的准确性和效率。

插件的优化效果：通过集成外部工具或接口，插件能够增强模型的能力，拓宽其适用范围。例如，集成图像处理或数据库查询插件后，模型不仅可以处理自然语言任务，还能处理多模态数据（如图像与文本结合）或访问实时数据库，进行动态响应。插件的核心优势在于模块化扩展能力，可以将模型和外部服务进行无缝对接，提升智能化水平。

微调的优化效果：微调通过在目标任务上进一步训练模型，能够使得模型在特定领域和任务中达到最佳性能。例如，在医疗、金融等行业，通过微调模型，可以大幅提升模型对专业术语的理解和推理能力，从而实现更加精准的预测和分析。微调的好处在于它能够充分利用预训练模型的强大能力，同时通过有限的数据集针对性地优化，使得模型能够快速适应特定场景。

在实践中，插件和微调常常结合使用：微调优化特定任务的底层能力，插件则扩展模型的功能，使其能够处理更加多样化的输入输出场景。两者结合能够为用户提供一个强大、灵活且高效的人工智能应用平台。

假设需要开发一个基于 DeepSeek 的智能财务助手，如图 1-13 所示，希望通过插件来获取实时的股市数据，并对其进行情感分析以帮助用户做出投资决策。为了使模型更好地理解金融领域的专用术语，还对模型进行了微调。

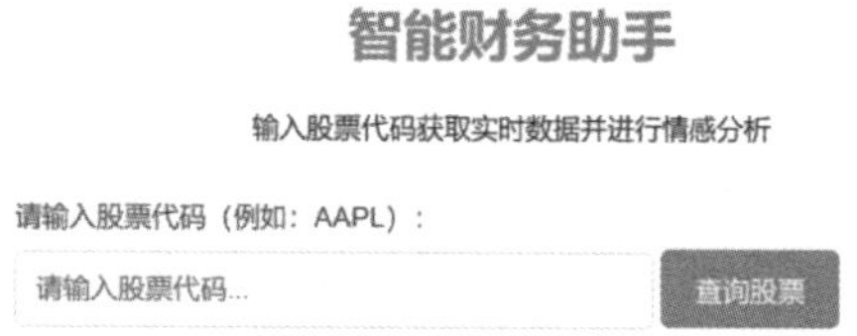

图 1-13　智能财务助手界面

插件开发：首先，开发一个股票查询插件，通过 API 获取实时股市信息，示例代码如下页所示。

```
import requests

def get_stock_price(stock_symbol):
    url=f"https://api.example.com/stock/{stock_symbol}"
    response=requests.get(url)
    if response.status_code == 200:
        return response.json()['price']
    else:
        return "获取股票数据失败"
```

微调模型：接着，根据金融领域的情感分析任务需求对 DeepSeek 模型进行微调，示例代码如下。

```
import openai

# 配置 API 密钥
openai.api_key="your-deepseek-api-key"

# 准备微调数据
fine_tune_data=[
    {"prompt": "股票市场下跌,投资者情绪较为悲观", "completion": "负面"},
    {"prompt": "科技股普遍上涨,投资者情绪乐观", "completion": "正面"},
    {"prompt": "市场波动剧烈,投资者情绪复杂", "completion": "中性"},
]

# 写入微调数据文件
with open("financial_fine_tune_data.json", "w") as f:
    for item in fine_tune_data:
        f.write(f'{item}\n')

# 微调模型
response=openai.FineTune.create(
    training_file="financial_fine_tune_data.json",
    model="text-davinci-003",
    n_epochs=5,
    batch_size=4,
    learning_rate=0.0001
)

print("金融模型微调成功:", response)
```

综合使用插件与微调：最后，将股票查询插件与微调后的情感分析模型结合使用，创建一个智能财务助手，能够根据股市数据提供实时的情感分析，示例代码如下页所示。

```
def financial_assistant(stock_symbol):
    # 获取实时股票价格
    stock_price=get_stock_price(stock_symbol)

    # 获取微调后的情感分析模型的预测
    response=openai.Completion.create(
        model="fine-tuned-financial-model",            # 使用微调后的模型
        prompt=f"股票 {stock_symbol} 当前价格为 {stock_price},市场情绪如何?",
        max_tokens=60
    )

    # 输出模型分析结果
    sentiment=response["choices"][0]["text"].strip()
    return f"股票 {stock_symbol} 当前价格: {stock_price}, 市场情绪: {sentiment}"

# 测试
print(financial_assistant("AAPL"))
```

假设查询的是苹果公司（AAPL）的股市数据，模型可能返回以下输出，如图 1-14 所示。

```
股票 AAPL 当前价格: 145.67, 市场情绪: 正面
```


图 1-14　苹果公司（AAPL）股市数据查询

这个结果表明，基于实时的股市数据和微调后的情感分析模型，财务助手能够为用户提供股市的即时反馈和情感分析，帮助其做出投资决策。下面是本节用到的前端代码，读者直接在 HTML 解释器中运行即可。

```
<!DOCTYPE html>
<html lang="zh-CN">
<head>
    <meta charset="UTF-8">
    <meta name="viewport" content="width=device-width, initial-scale=1.0">
    <title>智能财务助手</title>
    <style>
        body {
            font-family: Arial, sans-serif;
```

```
        background-color: #f4f7fc;
        margin: 0;
        padding: 0;
        color: #333;
    }
    .container {
        max-width: 800px;
        margin: 50px auto;
        padding: 20px;
        background-color: #fff;
        box-shadow: 0 4px 12px rgba(0, 0, 0, 0.1);
        border-radius: 8px;
    }
    header {
        text-align: center;
        margin-bottom: 30px;
    }
    h1 {
        color: #4CAF50;
    }
    label {
        font-size: 16px;
        color: #555;
    }
    input[type="text"] {
        width: 60%;
        padding: 12px;
        margin-top: 10px;
        margin-bottom: 20px;
        border-radius: 5px;
        border: 1px solid #ccc;
        font-size: 16px;
    }
    button {
        padding: 12px 20px;
        background-color: #4CAF50;
        color: white;
        border: none;
        border-radius: 5px;
        font-size: 16px;
        cursor: pointer;
    }
```

```
        button:hover {
            background-color: #45a049;
        }
        .output {
            margin-top: 20px;
            padding: 15px;
            background-color: #f0f8ff;
            border-radius: 5px;
            border: 1px solid #e1e1e1;
            font-size: 16px;
        }
        .output .result {
            font-weight: bold;
            color: #333;
        }
    </style>
</head>
<body>

<div class="container">
    <header>
        <h1>智能财务助手</h1>
        <p>输入股票代码获取实时数据并进行情感分析</p>
    </header>

    <label for="stock-symbol">请输入股票代码(例如:AAPL):</label>
    <input type="text" id="stock-symbol" placeholder="请输入股票代码...">
    <button id="get-stock-data">查询股票</button>

    <div id="stock-output" class="output" style="display: none;">
        <p><span class="result">股票数据和情感分析结果:</span></p>
        <p id="stock-price"></p>
        <p id="market-sentiment"></p>
    </div>
</div>

<script>
      document. getElementById (' get-stock-data '). addEventListener (' click ',
function () {
        var
stockSymbol=document.getElementById('stock-symbol').value.trim();

        if (!stockSymbol) {
            alert('请输入股票代码!');
            return;
```

```
        }

        //模拟从后端获取实时股票数据和情感分析
        fetch('/api/get-financial-assistant? stock_symbol=${stockSymbol}')
            .then(response => response.json())
            .then(data => {
                //展示返回的数据
                if (data.error) {
                    alert('获取股票数据失败!');
                    return;
                }

                //显示股票价格和情感分析结果
                document.getElementById('stock-price').innerText='当前股票价格: $
{data.price}';
                document.getElementById('market-sentiment').innerText='市场情绪:
${data.sentiment}';

                //显示输出框
                document.getElementById('stock-output').style.display='block';
            })
            .catch(error => {
                alert('请求失败,请稍后再试。');
                console.error('Error:', error);
            });
    });
</script>

</body>
</html>
```

通过插件和微调的结合，DeepSeek 不仅可以实现任务驱动的定制化功能，还能够扩展外部服务的功能，进一步提升其在各类应用中的表现和适应能力。在这个案例中，通过股市查询插件和微调模型的结合，智能财务助手能实时获取股市数据，并提供情感分析，展示了插件与微调相辅相成的强大能力。

1.6 本章小结

本章主要介绍了大模型与 DeepSeek 的基本概念、发展历程及应用场景。首先，阐述了大模型在自然语言处理中的关键作用，并介绍了 Transformer 架构作为支撑大模型的核心技术。接着，回顾了大模型的发展历程，从早期的语言模型到 GPT 系列的演进，再到 DeepSeek 的诞生与创新。

本章深入探讨了大模型在智能客服、教育辅助、医疗诊断、金融分析以及创意内容生成等多个领域的广泛应用，展示了大模型强大的适应性和实际价值。此外，本章分析了大模型面临的挑战，包括模型幻觉问题和数据隐私与安全问题，为后续章节的技术实现和解决方案提供了基础。本章为理解 DeepSeek 大模型的应用与发展奠定了理论基础。

02 第2章　深入了解DeepSeek API

DeepSeek API 作为连接开发者与强大大模型功能的桥梁，提供了一种高效、灵活的接口，支持多种自然语言处理任务的实现。从文本生成、情感分析到语音处理和多模态应用，DeepSeek API 在各类任务中表现卓越。

本章将深入探讨 DeepSeek API 的核心功能、使用方法及最佳实践，帮助开发者掌握如何高效集成 DeepSeek 模型，充分利用其强大的计算能力和智能生成能力。通过学习本章对 API 各项功能的详细解析，开发者能够实现更加个性化、精准化的智能应用，推动 AI 技术在实际场景中的落地与应用。

2.1 基本概念

DeepSeek API 作为一款高效、灵活的接口服务，提供了丰富的功能，旨在为开发者和企业提供强大的 AI 能力。通过简洁的 API 调用，用户能够接入 DeepSeek 的大规模预训练模型，执行诸如文本生成、语音识别、情感分析、信息提取等任务。

本节将深入探讨 DeepSeek API 的基础概念，分析其工作原理、结构组成及核心功能。了解这些基本概念将为开发者后续进行更复杂的 API 操作和任务开发打下坚实的基础。掌握这些核心知识将有助于高效利用 DeepSeek API 进行智能化应用开发。

2.1.1 大模型与 API 接口的关系

大模型与 API 接口之间的关系体现了现代人工智能系统架构中的核心分工与交互方式。大模型，特别是基于深度学习的预训练模型，通常具有极其庞大的参数空间和复杂的计算结构，其训练过程涉及海量的计算资源与数据集。然而，尽管这些模型拥有强大的功能，其本地部署却常常面临资源消耗巨大、计算能力要求高、维护复杂等多重挑战。因此，API 接口成为大模型外部应用与交互的重要桥梁。

API 接口作为一种标准化的通讯方式，通过网络协议将客户端应用与后端的深度学习模型连接。对于大模型而言，API 不仅充当数据传输的通道，还承担着任务调度、负载均衡、数据预处理与后处理等多个关键角色。在这种架构下，开发者不需要关心大模型的底层实现与资源调度，只需通过标准化的 API 接口进行数据交互与功能调用。

大模型的 API 接口通过将复杂的计算任务抽象为简单的请求-响应模式，使得各类应用能够在不涉及深度学习领域细节的前提下，调用大模型的能力。这些接口通常支持灵活的参数配置，如选择模型类型、调整生成策略（如温度、采样率等）、处理多模态输入等，以适应多样化的应用需求。API 的设计强调高效性和安全性，确保在处理高并发请求时，系统能够提供稳定的响应，同时保障数据的安全性与隐私性。

在云计算与分布式架构的支持下，通过 API 接口能够实现大模型的远程调用与实时推理，极大地扩展了其应用场景。这种方式不仅使得大模型能够突破本地硬件的限制，还推动了人工智能技术在各行各业中的普及与深度融合。

2.1.2 API 请求与响应机制

API 请求与响应机制是现代计算系统中不可或缺的核心组成部分，特别是在大规模分布式应用场景中，通过标准化的协议与数据格式，确保了客户端与服务器之间的高效、可靠通信。在深度学习应用中，API 请求与响应机制不仅仅是信息交换的手段，更是系统与模型交互的载体，其设计与优化直接影响应用的性能和用户体验。

在请求机制中，客户端向服务器发起的请求通常包括请求方法（如 GET、POST 等）、请求头（headers）、请求体（body）和请求参数。请求方法定义了客户端希望执行的操作类型，POST 通常用于传递数据并进行处理，GET 用于获取数据。请求头携带了必要的元数据，如认证信息、内容类型等，用以保障请求的正确性和安全性。请求体则包含了要发送的数据，可能是原始文本、JSON 格式或二进制数据。具体的数据内容和格式依赖于 API 的设计与需求。在深度学习的上下文中，客户端通常会发送一个文本输入（如用户问题或命令），或者是图像、音频等多模态数据，作为 API 请求的有效载荷。

响应机制则是 API 处理请求后的反馈。响应数据包含状态码、响应头和响应体。状态码通过三位数字反映了请求的处理结果，例如 200 表示“请求成功”，400 表示“客户端错误”，500 表示“服务器内部错误”。响应头包含了服务器相关的元信息，如返回的数据格式、服务器类型、内容长度等。

响应体则是 API 处理请求后返回的实际数据，通常是 JSON 或 XML 格式，包含了请求的结果或错误信息。在深度学习应用中，响应体可能包含生成的文本、预测的标签、模型推理结果等。特别是在大模型应用中，响应体的内容可能非常复杂，且需要通过后端处理进行解析与格式化，以便客户端能够理解并进一步处理。

整个 API 请求与响应过程必须保障数据的安全性与一致性，常见的安全措施包括通过 SSL/TLS 加密通道传输数据、使用 OAuth2.0 等认证协议确保请求的合法性、通过数据校验与过滤防止恶意攻击或数据泄露。在高并发场景下，为了保证系统的响应速度和稳定性，API 通常会采用负载均衡、缓存机制和异步处理等策略进行优化。

2.1.3 认证与权限管理

认证与权限管理是现代计算系统尤其是基于 API 的分布式系统中的基础设施之一，其核心作用在于确保系统资源的安全性与数据的合规访问。

认证过程确保了系统能够确认用户或应用的身份，而权限管理则在此基础上控制不同身份的用户对资源的访问级别。二者相辅相成，构成了系统访问控制的基本框架。

在认证机制中，通常采用多种方法来验证请求者的身份。最常见的方式是基于用户名和密码的传统认证，但随着安全需求的提高，越来越多的系统使用了更为复杂的认证方式，如基于令牌的认证（Token-based Authentication）、OAuth2.0 协议，以及多因素认证（MFA）。

在基于令牌的认证中，客户端在首次登录时提供凭证，认证服务器通过验证凭证发放一个时间敏感的令牌（Token），客户端每次访问 API 时则通过携带该令牌来证明身份，从而避免频繁地进行用户名密码验证。

OAuth2.0 协议则进一步抽象了授权与认证的流程，允许用户将数据授权给第三方应用，广泛应用于社交媒体登录等场景。

权限管理则在认证的基础上进行资源控制。它基于用户身份与系统资源的访问策略，定义了用户在系统中的行为范围。权限管理通常采用基于角色的访问控制（RBAC）或基于属性的访问控制（ABAC）模型。在 RBAC 中，用户通过其分配的角色获得对资源的访问权限，每个角色对应一组预定义的权限。

而 ABAC 则更加细粒度地根据用户的属性、请求的资源类型、环境条件等因素进行动态权限判断，适应更加复杂的访问控制需求。权限管理系统通常还需要支持多层次的访问控制，如数据访问、功能调用、以及日志审计等，确保用户仅能访问其所需的资源，并且所有操作都有可追溯的记录。

在实际应用中，认证与权限管理系统需要综合考虑安全性与用户体验的平衡，在确保高效的身份验证机制的同时也不牺牲安全性，尤其是在处理敏感数据和用户隐私时，需要采用加密传输、令牌过期机制、权限最小化原则等一系列技术手段，以应对身份盗用、权限越权和数据泄露等安全威胁。

2.2 DeepSeek API 提供的模型与功能

DeepSeek API 提供了一系列高性能的模型，涵盖了自然语言处理、语音识别、图像分析及多模态应用等多个领域。通过这些模型，开发者可以实现文本生成、问答系统、情感分析、对话推理、语音到文本转换等复杂功能。此外，DeepSeek 的模型支持高度定制化，能够根据不同任务的需求进行微调与优化。

本节将详细介绍 DeepSeek API 中各类模型的特点、功能及其应用场景，帮助开发者理解如何选择合适的模型并高效地将其集成到实际开发中，从而推动智能化应用的快速落地。

2.2.1 模型类型与功能分类

在深度学习领域，尤其是自然语言处理（NLP）任务中，模型类型与功能分类是理解系统设计与应用场景的关键。大模型，通常是指基于深度神经网络结构构建的大规模模型，这些模型通过在大量数据集上进行训练，能够学习到复杂的特征和模式，从而实现对多种任务的优化。这些模型的功能分类主要取决于其核心架构的不同设计和任务需求的多样性。

从功能角度看，大体上可以将模型分为生成模型与判别模型两大类。生成模型，如自回归模型（例如 GPT 系列），基于上下文信息生成文本，能够用于对话生成、文本补全、机器翻译等任务；判别模型则侧重于区分输入数据的类别，主要用于分类任务，如文本分类、情感分析等。

生成模型与判别模型的结合，有时能够在同一系统中实现更复杂的功能，例如，预训练的大型语言模型通常在生成任务和判别任务上均有出色表现，增强了模型的普适性。

进一步细分，模型还可根据其应用任务的不同进行划分。以自然语言处理为例，常见的任务包括文本分类、序列标注、信息抽取、文本生成、对话系统等。不同任务需要不同类型的模型架构和算法优化，例如，BERT 系列模型则广泛应用于文本分类与命名实体识别任务，而 GPT 系列则因其强大的生成能力，广泛用于文本生成和对话建模。此外，基于 Transformer 架构的模型也可以根据具体任务的需求，进行微调或定制化训练，以适应具体场景的性能要求。

大型预训练模型的特点在于其能够通过迁移学习适应多种任务。在大规模数据集上进行预训练后，这些模型在语言理解、机器翻译、情感分析等领域表现优异，能够高效处理不同的任务。

模型的多样性和高效性，尤其是模型的适配能力，使得它们可以广泛应用于包括自动生成文本、知识图谱构建、语音识别等众多复杂任务中，极大地推动了人工智能技术的进步和应用场景的扩展。

因此，通过深入理解模型类型，可以明确选择合适的模型架构和功能分类，从而为特定应用提供高效的解决方案。

2.2.2 API 接口调用与模型选择

在深度学习应用中，API 接口调用与模型选择是两个至关重要的环节。API 接口调用是指通过程序化的方式与远程服务器进行交互，发送请求并接收响应的过程。对于大模型而言，API 调用使得开发者能够在不直接处理庞大计算资源的情况下，利用强大的模型进行各种任务的处理。DeepSeek 的 API 接口设计使得开发者能够高效地集成和调用不同类型的模型，以完成包括自然语言处理、图像识别、推荐系统等复杂任务。

API 接口的调用通常遵循 RESTful 架构，通过 HTTP 协议进行数据传输，支持 GET、POST 等方法来执行不同类型的操作。请求体中包含了需要传递的参数，响应体则返回模型的计算结果。对于 API 的调用，通常需要提供认证信息，如 API 密钥或令牌，以确保请求的合法性与安全性。此外，调用过程中涉及的数据格式转换也至关重要，通常以 JSON 格式传输，这样便于系统间的数据交互和解析。

模型选择则是在调用 API 之前的关键决策环节，主要依据实际任务的需求和模型的性能特点进行。不同的任务要求不同类型的模型，比如自然语言生成任务需要选择生成模型，而文本分类任务则需要选择判别模型。DeepSeek 提供的模型库涵盖了从 Transformer 架构到更复杂的多模态模型，适应各种需求，如图 2-1 所示。

模型选择的标准包括模型的精度、计算效率、内存占用、适应性等，同时也考虑到模型微调的可行性，以满足特定场景的优化需求。

图 2-1　DeepSeek API 接口调用与模型选择页面

对于 API 调用者而言，模型选择是与任务匹配的重要步骤。一般来说，开发者根据具体任务，如对话生成、情感分析、机器翻译等，选择合适的预训练模型进行调用。

在实际开发中，可以根据预设的任务目标调整 API 请求中的参数，例如模型的温度（影响生成文本的随机性）、最大生成长度等，以便得到更为精确和满足需求的结果。API 接口与模型选择的合理搭配能够最大化利用 DeepSeek 大模型的强大计算能力，为开发者提供高效、智能的解决方案。

2.2.3　模型配置与定制化

在大规模模型的应用中，模型配置与定制化是确保任务执行高效性和适应性的关键因素。模型配置通常包括模型参数的设置，目的是通过调整参数来优化模型在特定任务上的性能。例如，深度学习模型的超参数配置，如学习率、批处理大小（batch size）、优化器选择等，对于模型的训练和推理阶段具有重要影响。不同的任务和数据集可能需要不同的配置策略，只有通过精确的配置，才能确保模型在执行任务时达到最佳性能。

定制化则指在现有预训练模型基础上进行进一步的调整，使其能够更好地适应特定的应用场景。这一过程不仅仅是调整超参数，还涉及微调、模型架构的改进、以及特定领域的数据引入等。对于 DeepSeek 平台而言，定制化通常依赖于提供的微调接口，这允许开发者根据特定任务的需求，对模型进行细化调优。例如，在自然语言处理任务中，针对金融领域的对话生成模型可能需要加入更多金融术语的训练，以便生成符合领域需求的高质量回答。

深度模型的定制化还包括模型架构的调整。在一些高复杂度任务中，标准的模型架构可能无法满足性能要求，或者在计算资源上不具备最优效率。此时，开发者可以对模型的深度、宽度，甚至是使用的激活函数、正则化方法等进行自定义修改。例如，对于需要推理的任务，开发者可以通过在模型的某些层加入自定义的层或模块，来优化推理速度或提升计算精度。

DeepSeek 提供了丰富的 API 接口，使得开发者能够在使用预训练模型时，灵活地进行配置与定制化。合理的定制化策略能够使得原本通用的深度模型在特定领域的应用中发挥更大的潜力。因此，合理的配置与定制化不仅是提升模型效能的手段，也是确保模型能够满足不同需求的基础。

2.3 在 DeepSeek Playground 中使用大模型

DeepSeek Playground 作为一个直观、灵活的在线开发平台，提供了便捷的接口和环境，用于测试和交互式探索 DeepSeek 的大模型功能。通过 DeepSeek Playground，开发者可以快速体验各种模型的能力，进行实时的对话生成、文本补全及其他复杂任务的测试，同时进行模型参数的调整与优化。

本节将详细介绍如何在 DeepSeek Playground 中配置和使用大模型，帮助开发者熟悉 DeepSeek Playground 的使用流程，以及如何高效地调试和验证模型输出，为后续的实际开发打下坚实基础。

2.3.1 DeepSeek Playground 概述

DeepSeek Playground 是一个为开发者、研究者以及 AI 技术爱好者提供的互动式环境，旨在便捷地进行大规模模型的试验与应用原型开发。它作为一个综合性的平台，提供了一套高效的工具链，使得用户能够在不用深入理解底层架构和复杂配置的前提下，快速调用与测试深度学习模型，尤其是在自然语言处理、文本生成、语义理解等领域。

在 DeepSeek Playground 中，用户可以通过图形化界面与平台提供的 API 进行交互，实现对模型的多种操作，包括任务选择、模型配置、输入数据的处理与输出结果的获取等。平台通过高度集成的 UI/UX（用户界面设计/用户体验设计）设计，确保用户能够直观地配置所需参数，例如模型选择、输入文本、温度控制、生成长度等，从而优化输出结果。

该平台不仅支持多个深度学习模型的在线调用，还具备实时反馈机制。在进行任务调优时，用户能够即时看到每次配置或输入修改对结果的影响，促进更高效的调试和优化。DeepSeek Playground 的接口设计简洁且灵活，开发者可以将集成的代码块直接嵌入自己的项目中，而不用重复实现模型调用的底层逻辑。它的优势在于降低了开发门槛，使得开发者能够专注于高层次的任务设计与优化，避免了烦琐的架构搭建与资源管理。

平台的功能涵盖了文本补全、对话生成、情感分析、机器翻译等多个领域，用户通过其丰富的功能可以快速验证不同任务的效果，并进一步定制模型。凭借其强大的功能和简洁的使用流程，DeepSeek Playground 为深度学习模型的开发和应用提供了一个理想的试验平台。

2.3.2 创建与管理会话

在 DeepSeek 平台中，创建与管理会话是实现高效交互式任务的关键环节。会话的创建过程通常依赖于 API 接口的调用，其中包括初始化会话 ID、指定会话的上下文以及定义会话的持续时间等。会话的管理则涵盖了多个方面，主要包括对话历史的追踪、状态同步、会话数据的存储与加载以及在多轮对话中的状态恢复。

会话初始化时，系统根据给定的参数生成一个独特的会话标识符，作为该对话的唯一标记。此会话 ID 会贯穿整个对话生命周期，用于识别与跟踪当前的交互。会话的初始化不仅仅是一个简单的标识创建过程，还涉及对用户输入与系统输出的状态存储，为后续的对话提供一个统一的上下文框架。例如，在多轮对话中，用户每一次的输入都会根据前一次的对话上下文进行分析与响应，从而使模型能够基于整个会话的历史进行推理与生成。

对于会话管理，平台提供了多种操作接口，如会话恢复、状态更新与会话结束等。会话恢复机制允许在中断后继续对话，确保在用户返回时能够无缝衔接上次的交互内容。状态更新则是在每一次用户输入后对当前会话的状态进行实时更新，确保模型在推理时具备最新的上下文信息。会话的结束标志着一次完整对话的终结，通常意味着该对话生命周期的结束，并会将相关数据保存到系统中以便后续分析。

此外，DeepSeek 平台还通过高效的会话管理技术，确保每个会话的资源消耗最小化。由于深度学习模型在长时间运行过程中可能会产生较大的计算开销，合理的会话管理能够有效降低系统资源的消耗，保证平台的稳定运行。因此，会话的管理不仅是对模型功能的有效调度，也是提升系统效率与用户体验的关键技术。

2.3.3 监控与调试模型行为

在大规模深度学习系统中，监控与调试模型行为是确保模型高效、准确运行的核心环节。对于 DeepSeek 平台来说，模型的行为监控不仅仅限于模型的输入/输出分析，还包括模型内部状态、推理过程及其在复杂环境中的表现。通过对模型行为的全面监控，能够实时捕捉到潜在的性能瓶颈、模型不一致性以及异常情况，确保模型在各种任务场景下的稳定性和鲁棒性。

监控模型行为的第一步通常是数据流和计算流的全面追踪。在 DeepSeek 平台中，每一条输入数据在流经模型时，都能被实时记录与分析。系统通过日志系统对每一轮的输入、模型的推理过程以及生成的输出进行详细记录。这些数据被用来跟踪模型的响应模式，评估其是否符合预期的输出，尤其是在处理复杂语言任务时，能够及时发现潜在的“偏差”或“幻觉”现象，确保生成内容的合理性与准确性。

在调试过程中，模型的行为被拆解为多个微观单元进行逐步分析。调试的目标不仅是排查模型输出的错误，还包括对模型内部激活值、权重变化和梯度传播过程的深入分析。深度学习中的模型调试往往需要依赖于强大的可视化工具和模型可解释性技术，如特征重要性分析、注意力机制可视化等。这些技术能够帮助开发者理解模型决策的背后机制，从而对模型的表现进行有针对性的优化。

此外，DeepSeek 平台通过集成实时监控仪表盘，提供了对模型运行状态的可视化展示。通过图表和统计数据，开发者可以清晰地看到模型在不同输入条件下的表现，实时了解性能变化趋势。调试过程中，开发者还可以通过调用调试工具，查看模型的中间结果，逐步剖析模型推理过程中可能存在的问题，进而进行针对性调整。

总之，模型行为的监控与调试是确保 DeepSeek 大模型稳定高效运行的必备环节，它通过精确的跟踪、实时的数据分析以及高效的调试工具，帮助开发者发现并解决潜在问题，优化模型的整体表现。

2.4 开始使用 DeepSeek Python 库

DeepSeek Python 库提供了与 DeepSeek API 交互的高效方式，开发者可以利用这一库简化 API 调用，便捷地集成各种功能模块。通过 Python 库，能够快速进行模型请求、响应解析以及结果处理等操作，同时支持批量请求、任务管理和结果优化等高级功能。

本节将介绍如何安装和配置 DeepSeek Python 库，展示如何使用该库进行基础操作，如发送 API 请求、接收响应以及处理模型输出，帮助开发者轻松上手并开始实际应用开发。

2.4.1 获取 API 密钥与访问权限

在使用 DeepSeek API 时，开发者需要通过 API 密钥进行身份验证。以下是获取 API 密钥和使用该密钥进行 API 请求的基本步骤。首先，开发者需要在 DeepSeek 平台创建账户并登录，然后在控制台中生成 API 密钥。获取到密钥后，开发者可以通过将其添加到 HTTP 请求的"Authorization"头部来进行认证。

例如，在 Python 中使用 requests 库进行 API 调用时，代码如下。

```
import requests

# API 密钥获取自 DeepSeek 控制台
api_key='your_api_key_here'

# 设置请求头,将 API 密钥放入 Authorization 字段
headers={
    'Authorization': f'Bearer {api_key}',          # 添加 API 密钥
    'Content-Type': 'application/json'
}

# 设置 API 请求的 URL 和参数
url='https://api.deepseek.com/v1/endpoint'
payload={
    "model": "deepseek-model",
    "input": "Sample input data for the model"
}

# 发起 API 请求
response=requests.post(url, json=payload, headers=headers)

# 检查请求是否成功
if response.status_code == 200:
    print(response.json())                         # 返回 API 的响应数据
else:
    print(f"Error: {response.status_code} - {response.text}")
```

代码解析如下。

代码中，api_key 是从 DeepSeek 控制台获取的密钥，开发者将其放入 HTTP 请求的"Authorization"头部，确保每个请求都能被正确识别并授权。url 是 DeepSeek 的

API 端点，payload 是请求体，包含模型的输入数据。

通过 POST 请求将数据发送到 DeepSeek API，返回的响应数据会以 JSON 格式呈现。通过这种方式，开发者能够安全地进行 API 交互，并确保访问权限得到正确验证。

2.4.2 第一个示例程序：Hello World

在开发 DeepSeek 应用时，第一个示例程序通常是“Hello World”，用于验证 API 连接是否正常，确保开发环境设置正确。下面通过 Python 代码展示如何编写一个简单的“Hello World”程序，该程序将向 DeepSeek API 发送一个请求并返回模型的响应。

首先，开发者需要准备好 API 密钥，并通过 HTTP 请求将其与请求数据一起发送到 DeepSeek 的 API 端点。以下是一个基本的 Python 代码示例。

```
import requests

# 设置 API 密钥(从 DeepSeek 控制台获取)
api_key='your_api_key_here'

# 配置请求头,包括 Authorization 字段来传递 API 密钥
headers={
    'Authorization': f'Bearer {api_key}',
    'Content-Type':'application/json'
}

# 设置 API 端点 URL(这里使用的是假设的文本生成端点)
url='https://api.deepseek.com/v1/generate'

# 创建请求体,其中包含要传递给模型的输入数据
payload={
    "model": "text-generation-model",              # 模型类型
    "input": "Hello,DeepSeek!"                     # 模型的输入数据
}

# 发送 POST 请求,将 payload 和 headers 一起传递
response=requests.post(url, json=payload, headers=headers)

# 检查请求是否成功,输出响应结果
if response.status_code == 200:
    print(response.json())                         # 打印 API 返回的内容
else:
    print(f"Error: {response.status_code} - {response.text}")
```

代码解析如下。

（1）API 密钥：首先，需要设置从 DeepSeek 控制台获取的 API 密钥。API 密钥是验证开发者身份的凭证，确保请求不会被未授权访问。

（2）请求头：在请求头设置 Authorization 字段，格式为 Bearer <api_key>，这是 HTTP 标准中常见的认证方式。Content-Type 设置为 application/json，表示请求体格式为 JSON。

（3）API 端点：url 变量中设置了 DeepSeek 的 API 端点，这里假设是一个文本生成模型的接口。在实际应用中，端点会根据功能不同而有所变化。

（4）请求体：payload 是向 DeepSeek 模型传递的输入数据，具体数据格式根据 API 接口要求而定。在这个例子中，输入数据为字符串"Hello，DeepSeek！"。

（5）发送请求：通过 requests. post( )方法向 API 端点发送 POST 请求，并将 payload 和 headers 作为参数传递。

（6）处理响应：检查 API 请求的返回状态。如果状态码为 200，表示请求成功，响应的内容将被解析为 JSON 格式并输出。如果请求失败，将输出错误状态码和错误信息。

运行这段代码时，DeepSeek API 将会根据输入的文本生成相应的输出。例如，如果模型是文本生成模型，可能会返回一个与"Hello，DeepSeek！"相关的扩展文本。此示例程序主要用于验证与 DeepSeek API 的基本通信和功能。

2.5 使用 DeepSeek 进行任务开发

DeepSeek 为开发者提供了强大的任务处理能力，通过精准的 API 接口，支持多种任务类型的定制和优化。本节将详细介绍如何利用 DeepSeek 的相关功能进行具体任务的开发，包括任务输入的配置、输出格式的处理及其解析方法。

通过深入理解任务模型的运作机制，开发者能够根据需求灵活地调整模型参数，确保任务的高效执行及结果的精确度。无论是文本生成、对话系统，还是更复杂的数据分析任务，DeepSeek 都能为开发者提供全方位的支持和解决方案。

2.5.1 输入参数与配置

在 DeepSeek 的任务开发过程中，输入参数和配置是至关重要的组成部分。输入参数通常指向 API 请求时传递给模型的具体数据，这些数据将影响模型的行为和输出结果。配置则是指在调用 API 时所设定的额外参数，能调整模型的推理方式、响应速度以及其他定制化设置。

以一个简单的文本生成任务为例，以下是如何设置输入参数与配置的详细代码示例。

```
import requests

# 设置 API 密钥
api_key='your_api_key_here'

# 配置请求头,包含 Authorization 字段和 Content-Type
headers={
    'Authorization': f'Bearer {api_key}',
    'Content-Type': 'application/json'
}

# 设置 API 端点的 URL
url='https://api.deepseek.com/v1/generate'

# 设置输入数据和模型配置
payload={
    "model": "text-generation-model",                    # 选择文本生成模型
    "input": "Explain the significance of DeepSeek.", # 输入文本作为模型的提示
    "temperature": 0.7,          # 设置温度参数(控制生成文本的多样性)
    "max_tokens": 100,           # 限制生成文本的最大 token 数
    "top_p": 0.9,                # 设置 nucleus 采样参数,限制模型生成的输出范围
    "stop": ["\n"]               # 指定生成文本时的停止符号
}

# 发送 POST 请求,调用 DeepSeek API
response=requests.post(url, json=payload, headers=headers)

# 检查返回状态并处理响应
if response.status_code == 200:
    print(response.json())      # 打印 API 返回的内容
else:
    print(f"Error: {response.status_code} - {response.text}")
```

代码解析如下。

（1）API 密钥与请求头：代码中的 api_key 是从 DeepSeek 控制台获取的认证凭证，确保调用者有权限访问 DeepSeek API。请求头包含 Authorization 字段，其值为 Bearer{api_key}，这是 API 请求的标准身份验证方式。Content-Type 设定为 application/json，指明请求体的数据格式。

（2）API 端点的 URL：url 变量指定了 DeepSeek 的 API 端点。在实际开发中，不同功能（如文本生成、图像生成等）有不同的端点，此处使用的是文本生成任务的端点。

（3）输入数据与模型配置如下。

“model”指定了要调用的模型名称，在此例中是“text-generation-model”，即文本生成模型。

“input”字段是传递给模型的提示文本，模型将基于该输入生成相关内容。示例中，输入文本是“Explain the significance of DeepSeek.”，请求生成“DecpSeek 的重要性解释”。

“temperature”是一个控制生成文本多样性的参数，值的范围通常在 0 到 1 之间。值较低时，生成的文本趋向更确定性和一致性；值较高时，生成的文本更具多样性和创新性。此例中，设置为 0.7，属于较为中等的生成多样性。

“max_tokens”控制生成文本的最大长度（以 token 为单位），此处设置为 100，意味着模型生成的文本不会超过 100 个 token。

“top_p”是 nucleus 采样的参数，控制生成文本时可能的 token 选择范围。通过设置 top_p=0.9，模型将仅考虑概率分布中前 90%的可能词汇，确保生成文本的质量。

“stop”字段是一个停止符号的列表，用于指定生成文本的终止点。此例中，设置为换行符 \ n，即当模型生成换行符时停止输出。

（4）发送请求与处理响应：requests.post（url，json=payload，headers=headers）发送 POST 请求，将输入数据和配置信息（payload）以及请求头（headers）一起传递到 DeepSeek API。response.status_code 检查 API 返回的状态码，状态码为 200 表示请求成功，若失败则输出错误信息。

当程序执行时，它会向 DeepSeek API 发送一个请求，模型根据输入的提示文本生成相关的输出。如果配置的 temperature 较低，生成的文本将会较为正式和一致；如果配置的 temperature 较高，则模型可能会生成更加灵活和多样化的文本。最终，程序将输出模型的生成内容。

假设程序输出类似于以下内容。

```
{
  "output": "DeepSeek is a cutting-edge platform that leverages large-scale AI models to revolutionize the way we interact with technology. By providing accessible and efficient AI services, DeepSeek opens up new possibilities for various industries, from education to healthcare."
}
```

该输出展示了模型基于给定输入生成的文本内容，解释了 DeepSeek 的意义和作用。

该示例展示了如何在 DeepSeek API 中配置和传递输入数据，以及设置多个调优参数（如 temperature、max_tokens 等）。这些配置项直接影响模型的行为和输出质量，是任务开发中的关键。

2.5.2 输出格式与解析

在进行 DeepSeek 任务开发时，理解输出格式与解析的过程至关重要。输出格式通常取决于 API 调用的响应结构，而解析则是获取有用信息的过程。在实际开发中，输出数据通常以 JSON 格式返回，其中包含模型的生成结果以及其他相关信息。

以一个简单的文本生成任务为例，下面的代码展示了如何解析 API 响应并提取生成的文本内容。

```
import requests

api_key='your_api_key_here'                         # 设置 API 密钥

# 配置请求头
headers={
    'Authorization': f'Bearer {api_key}',
    'Content-Type': 'application/json'
}

url='https://api.deepseek.com/v1/generate'         # API 请求的 URL

# 配置输入数据与模型设置
payload={
    "model": "text-generation-model",
    "input": "What are the benefits of artificial intelligence?",
    "temperature": 0.7,
    "max_tokens": 100
}

# 发送 POST 请求
response=requests.post(url, json=payload, headers=headers)

# 解析 API 响应
if response.status_code == 200:
    response_data=response.json()                   # 解析 JSON 格式的响应
    # 检查返回的响应是否包含预期字段
    if 'output' in response_data:
        generated_text=response_data['output']     # 提取生成的文本
        print("Generated Text: ", generated_text)
    else:
        print("No output found in the response")
else:
    print(f"Error: {response.status_code} - {response.text}")
```

代码解析如下。

（1）设置 API 密钥与配置请求头：在请求头中，Authorization 字段包含了 API 密钥，采用 Bearer 模式进行身份验证，确保请求可以被正确识别和授权。Content-Type 设置为 application/json，说明请求体中的数据格式是 JSON。

（2）构建请求体：payload 是发送给 DeepSeek API 的 JSON 对象。它包含了模型选择、输入文本以及其他配置项，如 temperature（影响生成文本的多样性）和 max_tokens（限制生成的文本长度）。

（3）发送请求：使用 requests.post()方法发送 HTTP POST 请求，将 payload 作为 JSON 数据发送到 API 服务器。url 变量指定了 API 的端点。

（4）解析响应：当 API 响应成功时，response.status_code == 200，即 HTTP 状态码为 200，表示请求成功。此时，使用 response.json()方法将 API 响应内容解析为 Python 字典（JSON 格式转化为 Python 字典对象）。

通过 response_data ['output'] 访问 API 响应中的生成文本。此处，output 字段包含了由模型生成的文本内容。如果响应中没有该字段，可以返回一个错误信息。如果响应状态码不是 200，则输出错误状态码及响应内容，帮助开发者排查问题。

假设 API 返回的响应如下所示：

```
{
  "output": "Artificial intelligence (AI) offers numerous benefits, including au-
tomation of repetitive tasks, enhanced decision-making capabilities, and improved ef-
ficiency across industries. AI can process vast amounts of data at incredible speeds,
providing insights that can optimize operations and enhance user experience. "
}
```

程序会解析并打印出：

```
Generated Text:Artificial intelligence (AI) offers numerous benefits, including
automation of repetitive tasks, enhanced decision-making capabilities, and improved
efficiency across industries. AI can process vast amounts of data at incredible
speeds, providing insights that can optimize operations and enhance user experience.
```

在 DeepSeek API 的任务开发中，输出格式通常是标准的 JSON 结构，包含生成的文本和其他可能的元数据。通过 response.json()方法，开发者可以轻松地将 API 响应转换为 Python 对象并提取关键信息。理解并掌握如何解析 API 响应是进行任务开发和模型调优的基础之一。

2.5.3 从文本生成到复杂任务

从文本生成到复杂任务的实现过程中，代码的编写通常包括处理更复杂的输入和输出，以完成特定的任务。DeepSeek API 的灵活性允许开发者通过不同的 API 请求来处理从简单的文本生成到多步推理、数据分析等复杂任务。

假设想要从一个基本的文本生成任务扩展到一个具有多个步骤的复杂任务，比如通过用户输入问题来生成一个完整的报告。下面通过代码演示如何逐步从文本生成转向处理复杂任务。

```
import requests

# 设置 API 密钥
api_key='your_api_key_here'

# 配置请求头
headers={
    'Authorization': f'Bearer {api_key}',
    'Content-Type': 'application/json'
}

# API 请求的 URL
url='https://api.deepseek.com/v1/generate'

# 定义复杂任务的输入结构
task_input={
    "task": "report_generation",
    "context": "Generate a detailed report on climate change including causes, im-
pacts, and mitigation strategies.",
    "sections": [
        {"section": "Introduction", "content": "Introduce the topic of climate
change, its significance."},
        {"section": "Causes", "content": "Discuss the primary causes of climate
change such as greenhouse gases, deforestation, etc."},
        {"section": "Impacts", "content": "Describe the various impacts of climate
change on ecosystems, human health, etc."},
        {"section": "Mitigation", "content": "Propose mitigation strategies like
renewable energy, reforestation, etc."}
    ]
}

# 向 DeepSeek API 发送 POST 请求进行复杂任务处理
response=requests.post(url, json=task_input, headers=headers)

# 解析响应并提取报告内容
if response.status_code == 200:
    response_data=response.json()
```

```
    if 'output' in response_data:
        generated_report=response_data['output']
        print("Generated Report: ", generated_report)
    else:
        print("No report generated in the response")
else:
    print(f"Error: {response.status_code} - {response.text}")
```

代码解析如下。

（1）请求头和 API 密钥：和前面的简单示例一样，首先需要配置 API 密钥和请求头。在请求头中，Authorization 字段包含了 API 密钥，确保请求可以被正确识别并授权，Content-Type 设置为 application/json，表示请求体中的数据是 JSON 格式。

（2）定义复杂任务输入：在这个示例中，任务的输入是一个包含多个部分的复杂任务。具体来说，任务是生成一篇关于气候变化的详细报告，其中包含多个部分（如引言、原因、影响、缓解措施）。每个部分都有对应的内容提示，API 将根据这些部分生成报告内容。

（3）task_input 是一个字典，包含任务类型、上下文信息和各个部分的内容。通过这种方式，可以向 API 提供更多的上下文信息，来指导模型生成合适的输出。

（4）发送请求：使用 requests.post() 方法将 task_input 作为 JSON 数据发送到 DeepSeek API。此时，url 变量指定了 API 端点，task_input 包含了任务的具体内容。

（5）解析响应：如果请求成功，response.status_code == 200，则会调用 response.json() 方法将返回的 JSON 格式响应解析成 Python 字典。在响应数据中，output 字段包含生成的完整报告。如果没有生成报告，则输出错误信息。假设返回的 output 字段包含了模型生成的报告内容，程序会将其打印出来。

假设 API 成功处理并返回了报告内容，响应数据可能如下：

```
{
  "output": "Climate change is a pressing issue that affects the global environment. It is primarily caused by human activities such as the burning of fossil fuels, deforestation, and industrial activities that release greenhouse gases into the atmosphere. The impacts of climate change are widespread, affecting ecosystems, human health, agriculture, and infrastructure. Mitigation strategies include the adoption of renewable energy sources, reforestation, and the reduction of carbon emissions through government policies and international agreements."
}
```

程序的输出将是：

```
Generated Report: Climate change is a pressing issue that affects the global environment. It is primarily caused by human activities such as the burning of fossil fuels,
```

```
deforestation, and industrial activities that release greenhouse gases into the atmosphere. The impacts of climate change are widespread, affecting ecosystems, human health, agriculture, and infrastructure. Mitigation strategies include the adoption of renewable energy sources, reforestation, and the reduction of carbon emissions through government policies and international agreements.
```

从文本生成到复杂任务的转变，通常涉及更加丰富的输入结构和任务内容。在这个例子中，通过向 API 提供结构化的任务输入，可以生成一个详细的报告。开发者能够根据具体需求定义输入内容，调整模型输出的格式和细节。随着任务的复杂化，开发者需要更多地控制输入数据的组织方式，以及根据生成的内容进行后续处理。

2.6 使用其他任务模型

DeepSeek 不仅提供了常规的对话生成和文本补全模型，还涵盖了广泛的其他任务模型，适用于各类复杂的应用场景。本节将深入探讨如何在 DeepSeek 平台中使用这些任务模型，包括如何选择和配置合适的任务类型，调整输入输出参数，并对任务进行优化。

开发者可以通过这些高级功能，灵活地应用 DeepSeek 的强大能力，处理包括多模态数据分析、推理模型等各种高难度任务，从而满足不同领域中的具体需求。

2.6.1 输入选项与配置

在开发过程中，API 的输入选项和配置扮演着至关重要的角色，决定了模型如何理解输入并生成输出。理解如何正确设置这些输入选项，可以有效提升模型响应的准确性和质量。DeepSeek API 允许用户根据任务的需求配置不同的输入参数，从而优化模型的行为。

这个示例介绍如何通过配置输入选项和传递配置参数来影响 API 的响应。假设任务是让 DeepSeek 生成某一领域的内容，如撰写一篇关于人工智能的技术文章。为了精确控制生成内容的风格和深度，可以设置不同的输入选项。

```
import requests

# API 密钥和请求头配置
api_key='your_api_key_here'
headers={
    'Authorization': f'Bearer {api_key}',
    'Content-Type': 'application/json'
}

# API 的 URL
```

```
url='https://api.deepseek.com/v1/generate'

# 定义输入选项和配置
task_input={
    "model": "text-davinci-003",          # 选择具体的模型
    "prompt": "Generate a detailed technical article about Artificial Intelli-
gence, covering its history, advancements, and future trends.",
    "temperature": 0.7,                   # 控制生成文本的创意性(0.0-1.0)
    "max_tokens": 500,                    # 限制生成文本的最大长度
    "top_p": 1,                           # 样本的累积概率阈值,用于控制模型的选择范围
    "frequency_penalty": 0,               # 控制生成文本时的重复度
    "presence_penalty": 0,                # 控制是否鼓励模型生成新内容
    "stop": ["\n", "END"]                 # 用于指定文本的终止符,遇到该符号时,文本生成停止
}

# 向 DeepSeek API 发送 POST 请求
response=requests.post(url, json=task_input, headers=headers)

# 解析响应并输出生成的文章
if response.status_code == 200:
    response_data=response.json()
    if 'choices' in response_data:
        generated_text=response_data['choices'][0]['text']
        print("Generated Article: ", generated_text)
    else:
        print("No content generated in the response.")
else:
    print(f"Error: {response.status_code} - {response.text}")
```

代码解析如下。

（1）API 密钥和请求头配置：api_key 字段用于验证请求的合法性，确保 API 的调用由授权用户发起。headers 中设置 Authorization 字段为 Bearer {api_key}，用于向 API 发送有效的身份验证信息；Content-Type 设置为 application/json，表明请求体为 JSON 格式数据。

（2）输入选项和配置如下。

model：选择具体的模型版本（如 text-davinci-003），这决定了生成的文本质量、风格及其他特性。不同的模型有不同的能力和性能，可以根据任务的需求选择合适的模型。

prompt：提供模型的提示或问题，是模型生成文本的输入依据。在这个例子中，提示是要求生成一篇关于人工智能的技术文章。

temperature：控制生成文本的创意性。值越高（接近 1），生成的文本越富有创意、变化多；值越低（接近 0），生成的文本越趋向于稳定、保守。通常用于调整文本的创新性与随机性。

max_tokens：限制生成文本的最大长度。值越大，生成的文本越长，但可能增加响应时间和计算成本。需要根据实际任务需求设定。

top_p：使用“核采样”策略来控制生成文本的随机性。设置为 1 时表示不限制样本的选择范围，值越小，则会在概率较大的样本中进行选择，从而使得生成的文本更具一致性和连贯性。

frequency_penalty：控制模型在生成文本时的重复度。如果此参数设定为较大的值，模型将尽量避免生成重复的词语或句子。

presence_penalty：控制模型是否偏向生成新的内容。设定较高的值时，模型更倾向于生成与之前的内容不同的新话题或信息。

stop：设定文本生成的终止符。当生成的文本包含该符号时，文本生成会立即停止。常用于根据特定标记来控制输出的结束位置。

（3）发送请求与处理响应：使用 requests. post( ) 方法向 DeepSeek API 发送请求。请求体中的 task_input 参数将以 JSON 格式传输，包含了所有任务相关的配置。

响应返回的数据通过 response. json( ) 解析为字典形式。如果生成的文本存在，则从 choices 字段中提取并打印生成的文本。

假设 API 返回了生成的文章内容，响应的数据可能如下：

```
{
  "choices": [
    {
        " text ": " Artificial Intelligence (AI) is the simulation of human intelligence processes by machines, especially computer systems. The history of AI dates back to the mid-20th century when pioneers like Alan Turing and John McCarthy laid the groundwork for modern AI. Significant advancements have been made in the fields of machine learning, natural language processing, and computer vision. The future of AI holds immense potential, with applications ranging from autonomous vehicles to personalized healthcare and beyond. "
    }
  ]
}
```

程序的输出将是：

```
Generated Article: Artificial Intelligence (AI) is the simulation of human intelligence processes by machines, especially computer systems. The history of AI dates back to the mid-20th century when pioneers like Alan Turing and John McCarthy laid the
```

```
groundwork for modern AI. Significant advancements have been made in the fields of machine learning, natural language processing, and computer vision. The future of AI holds immense potential, with applications ranging from autonomous vehicles to personalized healthcare and beyond.
```

通过配置输入选项与任务参数，可以精确控制生成的文本内容和格式。对于不同的任务需求，可以调整温度、最大令牌数、终止符等参数来优化输出结果。这使得开发者能够根据具体场景灵活定制 API 请求，从而实现从文本生成到更复杂任务的多样化处理。

2.6.2 输出格式与优化

在使用 DeepSeek API 进行任务开发时，输出格式的设计及其优化直接影响任务结果的质量。输出格式决定了返回数据的结构，且合适的优化配置可以显著提高响应速度和生成内容的相关性。通过对 API 的正确配置和对返回内容的解析，可以更高效地处理复杂的任务需求。

首先，API 响应的数据结构通常是 JSON 格式，包含一个或多个字段，如生成的文本、可能的候选结果、每个生成文本的得分、请求消耗的时间等。对输出格式进行优化，能够确保生成内容的相关性与精确性，也能够让开发者更便捷地提取所需数据。

以下示例展示如何处理 API 返回的输出以及如何进行格式优化。

```
import requests

# API 密钥和请求头配置
api_key='your_api_key_here'
headers={
    'Authorization': f'Bearer {api_key}',
    'Content-Type':'application/json'
}

# API 的 URL
url='https://api.deepseek.com/v1/generate'

# 定义输入参数
task_input={
    "model": "text-davinci-003",              # 选择模型
    "prompt": "Generate a summary of the key features of DeepSeek API, emphasizing
the most important aspects for developers.",
    "temperature": 0.5,                       # 控制创意性
    "max_tokens": 150,                        # 限制最大输出长度
```

```
        "top_p": 1,
        "stop": ["\n"]                    # 使用换行符作为停止标志
    }

    # 发送请求并处理响应
    response=requests.post(url, json=task_input, headers=headers)

    # 输出格式优化和解析
    if response.status_code == 200:
        response_data=response.json()

        # 从响应数据中提取生成的文本
        if 'choices' in response_data:
            generated_text=response_data['choices'][0]['text']

            # 优化生成的文本内容(去除前后空白,确保格式整洁)
            cleaned_text=generated_text.strip()

            # 输出生成的文本
            print("Generated Summary: ", cleaned_text)
        else:
            print("No text generated.")
    else:
        print(f"Error: {response.status_code} - {response.text}")
```

代码解析如下。

（1）请求配置如下。

api_key：用于身份验证，必须从 DeepSeek 控制台获取。headers：包含认证信息和请求体类型，确保 API 知道这是一个包含 JSON 数据的 POST 请求。task_input：定义了 API 请求的输入参数。主要包括以下参数。

model：选择要使用的模型。

prompt：提供给模型的输入文本。这里输入的是一个“总结 DeepSeek API”的任务。

temperature：控制生成内容的创意性。设定为 0.5，意味着生成的内容将既有一定的创意，但又不会偏离主题。

max_tokens：限制生成文本的长度，防止内容过长。

top_p：样本选择的累积概率阈值，用于控制生成内容的多样性。

stop：指定文本的结束符号，当生成文本包含该符号时，文本生成会停止。

（2）发送请求并处理响应：使用 requests.post( )方法将请求发送到 API，并将输入数据以 JSON 格式传递。response.json( )方法将 API 响应的 JSON 数据转化为字典格式，便于提取内容。检查响应中的 choices 字段，以获取生成的文本。choices 是一个包含多个候选生成结果的数组，这里选择第一个结果。

（3）输出格式优化：generated_text. strip( )用于去除生成文本前后的空白字符。对于需要将结果用于进一步处理或显示的场景，去除多余的空白和换行符是常见的操作。

（4）输出结果：打印出优化后的文本，便于查看生成的摘要。对于长文本或复杂任务，可以根据需求进一步优化文本处理逻辑，如去除冗余内容、合并句子等。

假设 API 成功生成了以下内容：

```
{
  "choices": [
    {
      "text": "DeepSeek API is a powerful tool that provides a wide range of AI-driven functionalities. It allows developers to integrate advanced models for natural language processing, text generation, and more. Key features include easy API integration, real-time text generation, and various customization options to suit different application needs. "
    }
  ]
}
```

程序将输出：

```
Generated Summary:DeepSeek API is a powerful tool that provides a wide range of AI-driven functionalities. It allows developers to integrate advanced models for natural language processing, text generation, and more. Key features include easy API integration, real-time text generation, and various customization options to suit different application needs.
```

以下是一个 HTML 前端网页的实现。结合上面所述的 DeepSeek API 示例，可以通过前端与 API 进行交互，生成类似的摘要，并且读者可以选择生成风格，如图 2-2 所示。

图 2-2　DeepSeek 文本生成助手界面

此网页使用 JavaScript 和 AJAX 与 DeepSeek API 进行通信。以下代码展示输入、配置以及 API 响应结果，读者可以直接在浏览器中测试这一效果。代码如下所示。

```
<!DOCTYPE html>
<html lang="zh-CN">
<head>
    <meta charset="UTF-8">
    <meta name="viewport" content="width=device-width, initial-scale=1.0">
    <title>DeepSeek 文本生成</title>
    <style>
        body {
            font-family: Arial, sans-serif;
            background-color: #e8f4f8;
            margin: 0;
            padding: 0;
            color: #333;
        }
        .container {
            width: 70%;
            margin: 50px auto;
            padding: 30px;
            background-color: #ffffff;
            box-shadow: 0 4px 12px rgba(0, 0, 0, 0.1);
            border-radius: 8px;
        }
        h1 {
            text-align: center;
            color: #007BFF;
        }
        label {
            font-size: 16px;
            color: #555;
        }
        input[type="text"] {
            width: 100%;
            padding: 12px;
            margin-top: 10px;
            margin-bottom: 20px;
            border-radius: 5px;
            border: 1px solid #ccc;
            font-size: 16px;
        }
```

```
        select {
            width: 100%;
            padding: 12px;
            margin-bottom: 20px;
            border-radius: 5px;
            border: 1px solid #ccc;
            font-size: 16px;
        }
        button {
            padding: 12px 20px;
            background-color: #007BFF;
            color: white;
            border: none;
            border-radius: 5px;
            font-size: 16px;
            cursor: pointer;
        }
        button:hover {
            background-color: #0056b3;
        }
        .output {
            margin-top: 20px;
            padding: 15px;
            background-color: #f0f8ff;
            border-radius: 5px;
            border: 1px solid #e1e1e1;
            font-size: 16px;
            white-space: pre-line;
        }
        .settings {
            margin-bottom: 30px;
        }
        .info {
            font-size: 14px;
            color: #888;
            text-align: center;
        }
    </style>
</head>
<body>

<div class="container">
```

```
        <h1>DeepSeek 文本生成</h1>
        <div class="settings">
            <label for="input-text">请输入文本:</label>
            <input type="text" id="input-text" placeholder="在此输入文本...">

            <label for="style-select">选择生成风格:</label>
            <select id="style-select">
                <option value="0.5">适中创意(平衡性)</option>
                <option value="0.2">简洁(较少创意)</option>
                <option value="0.8">高度创意(自由发挥)</option>
            </select>

            <label for="length-select">选择生成长度:</label>
            <select id="length-select">
                <option value="150">短摘要(最多 150 个词)</option>
                <option value="300">中等长度(最多 300 个词)</option>
                <option value="500">长摘要(最多 500 个词)</option>
            </select>

            <button id="generate-button">生成摘要</button>
        </div>

        <div id="output" class="output" style="display: none;">
            <p><strong>生成的摘要:</strong></p>
            <p id="generated-text"></p>
        </div>

        <p class="info">此工具用于生成文章摘要或内容,调整参数来控制生成内容的风格和长度。
</p>
    </div>

    <script>
        document.getElementById('generate-button').addEventListener('click', func-
tion () {
            var inputText=document.getElementById('input-text').value.trim();

            if (!inputText) {
                alert('请输入文本以生成摘要。');
                return;
            }

            var apiKey='your_api_key_here';   // 请替换为您的 DeepSeek API 密钥
```

```
        var url='https://api.deepseek.com/v1/generate';

        //获取用户选择的风格和长度
        var temperature=parseFloat(document.getElementById('style-select').value);
        var maxTokens=parseInt(document.getElementById('length-select').value);

        //配置请求的输入数据和设置
        var data={
            "model": "text-davinci-003",            // 模型选择
            "prompt":inputText,                      // 输入的文本
            "temperature": temperature,              // 控制生成内容的创意度
            "max_tokens":maxTokens,                  // 限制生成文本的最大长度
            "top_p": 1,                              // 控制生成文本的多样性
            "stop": ["\n"]                           // 设置文本生成的停止符号
        };

        //使用 fetch 发送 POST 请求
        fetch(url, {
            method: 'POST',
            headers: {
                'Authorization': 'Bearer ${apiKey}',
                'Content-Type': 'application/json'
            },
            body: JSON.stringify(data)
        })
        .then(response => response.json())
        .then(data => {
            if (data && data.choices && data.choices.length > 0) {
                var generatedText=data.choices[0].text.trim();
                document.getElementById('generated-text').textContent=generatedText;
                document.getElementById('output').style.display='block';
            } else {
                alert('没有生成内容。');
            }
        })
        .catch(error => {
            alert('错误:' + error);
        });
    });
</script>

</body>
</html>
```

通过配置输入选项与合理设计输出格式，可以更精确地控制生成内容的质量。对于不同类型的任务，如总结、翻译、问答等，可以通过调整相关参数（如 temperature、max_tokens、stop）优化生成的文本内容。合理的输出格式和优化策略有助于提升模型的性能，使其生成的内容更加准确、简洁、符合预期。

2.7 开发中的考虑因素

在进行 DeepSeek 应用开发时，除了技术实现之外，还需考虑多方面的因素，这些因素直接影响到项目的可行性和效果。本节将详细讨论在开发过程中需要注意的关键问题，包括成本与资源限制、系统的可扩展性、性能优化以及安全与隐私保护等。

通过对这些因素的综合评估，开发者能够在实际操作中有效规避潜在风险，确保开发过程中的高效性和最终应用的稳定性。

2.7.1 成本与资源限制

在现代深度学习应用中，尤其是在调用大规模预训练模型时，成本与资源限制成为不可忽视的关键因素。这些大模型通常需要大量的计算资源，包括高性能的 GPU、TPU 等硬件设施以及大规模的存储和网络带宽。

每一次模型推理都可能涉及数十亿的参数计算，这些计算不仅对硬件的要求极高，而且在云端计算平台上的费用也相对较为昂贵。因此，如何优化成本和资源的使用成为开发者和企业在实际应用中的重要挑战。

从资源角度来看，深度学习模型的计算量和存储需求与其规模密切相关。大模型的训练和推理阶段都需要消耗大量的 GPU 计算力，这通常需要高配置的计算集群。更重要的是，在执行推理任务时，数据的加载与处理也需要占用大量的内存和带宽，而这些资源的消耗会直接影响任务的响应时间和执行效率。为了降低资源消耗，开发者通常需要根据任务的重要性和复杂性，对输入数据进行预处理，选择合适的模型规模，或使用更高效的推理算法，如量化、裁剪等技术，以减少模型推理时对计算资源的占用。

从成本角度来看，云服务平台（如 AWS、Google Cloud、Azure 等）提供按需计费的计算和存储服务，这使得使用大规模模型进行实时推理的成本更加动态化。每次请求都可能涉及一定的费用，而高频率的请求和长期的计算任务会加剧总体成本负担。因此，合理规划任务的执行频率、请求的规模以及模型的复杂度，能够有效控制整体的成本支出。此外，为了进一步优化成本，开发者还可以选择一些更加节能的计算设备或使用深度学习推理优化引擎，这些引擎可以在一定程度上减少计算资源的消耗，同时确保模型的精度和性能。

综上所述，成本与资源限制的管理不仅仅是技术问题，还涉及业务和经济层面的考量。只有通过精确的资源调度、合理的成本规划和优化的模型设计，才能在确保高效能的同时，控制好开发和部署阶段的资源开销。

2.7.2 安全与隐私保护

在当今数据驱动的技术环境中，尤其是在使用大规模人工智能模型和云计算平台时，安全与隐私保护已成为核心关注点。随着个人数据和企业数据的不断增多，确保数据在存储、传输和处理过程中的安全性，以及保护用户隐私，已成为不可忽视的挑战。特别是当涉及敏感数据和机密信息时，保护这些数据不受未授权访问或泄露的威胁显得尤为重要。

在数据传输过程中，使用加密协议，如 SSL/TLS 协议，确保数据在传输时的机密性与完整性，防止数据在传输过程中遭到篡改或窃听。加密不仅仅限于传输层，还包括存储层，敏感数据在存储时应进行加密处理，以避免数据被不当访问或泄露。数据加密技术能够确保即使攻击者成功获取了数据，也无法解读或滥用这些数据。除此之外，使用密钥管理系统对加密密钥进行严格控制，是确保数据加密有效性的关键。

除了加密，身份认证和访问控制也是确保系统安全的核心手段。身份认证通过多因素认证（MFA）、令牌认证（Token-based Authentication）等机制，确保访问系统的用户为合法用户，减少未授权访问的风险。访问控制则通过细粒度的权限管理，限制用户只能访问其授权的资源和数据。基于角色的访问控制（RBAC）和基于属性的访问控制（ABAC）可以灵活地定义和实施权限策略，从而控制对数据和模型的访问权，进一步减少潜在的安全风险。

隐私保护方面，尤其是在处理个人信息时，符合数据保护法规（如 GDPR 和 CC-PA）是不可或缺的。这些法规要求数据控制者在收集、存储和处理个人数据时，必须获得用户的明确同意，并在处理过程中确保数据的透明度。此外，通过差分隐私技术，可以在保护个人隐私的同时，允许模型使用大规模数据进行训练，避免在数据分析过程中泄露个体信息。

综上所述，安全与隐私保护是大规模模型和 AI 应用开发中的关键组成部分。通过采取有效的数据加密、认证与授权、访问控制及隐私保护技术，能够有效降低数据泄露和滥用的风险，确保用户数据和系统的安全性，同时满足相关法规的合规要求。

2.8 DeepSeek 的其他功能

DeepSeek 作为一个强大的大模型平台，提供了多样的功能支持，不仅限于基础的文本生成与对话处理。本节将介绍 DeepSeek 所提供的其他高级功能，如嵌入与向量化、内容审核与过滤等。这些功能能够大幅提升模型的适应性与灵活性，扩展其在各类应用中的潜力。开发者能够借助这些功能，更加精准地实现特定需求，为实际应用场景提供定制化的解决方案。

2.8.1 嵌入与向量化

嵌入与向量化是自然语言处理（NLP）中的核心技术，用于将高维稀疏数据（如文本）转换为低维稠密向量表示。这一过程不仅是模型理解文本内容的基础，也为后续的计算和推理提供了有效的数值表示。嵌入（Embeddings）是一种通过映射将离散的数据项（如词语、句子或文档）映射到连续的低维向量空间的方法，而向量化则是指这一过程的实现与应用。

在 NLP 中，文本数据的向量化通常是通过预训练的嵌入模型（如 Word2Vec、GloVe、BERT 等）进行的。这些嵌入模型通过大规模语料库的训练，学习到单词及其上下文之间的语义关系。在嵌入过程中，每个词语被表示为一个固定维度的稠密向量，这些向量能够捕捉词语之间的语法、语义关系以及上下文依赖性。与传统的基于词典的表示方法（如独热编码）不同，嵌入向量能够在低维空间中有效地表示文本中的潜在信息，且其表示是可训练的，可以随着模型的优化而逐渐改进。

嵌入向量的主要优势在于其能够通过捕捉词语之间的相似性与关系来增强模型对语言的理解。例如，语义相近的词语会在向量空间中具有相似的向量表示，而这些向量之间的距离或方向差异可以直接反映出它们的语义相似性或关系。通过这种方式，模型不仅能够处理单个词语，还可以理解更复杂的语法结构和语义层次。

向量化过程对于各种下游任务（如文本分类、情感分析、信息检索等）具有重要意义。嵌入向量被用作后续模型的输入，使得深度学习模型能够高效地进行训练和推理。同时，向量化还可与其他领域的技术（如图像处理和推荐系统）结合，形成多模态模型，进一步提高系统的性能和准确性。

总之，嵌入与向量化技术通过为文本数据提供低维稠密表示，不仅提升了语言理解模型的效率，也使得复杂的语义关系可以通过数学运算加以处理。这一技术的发展使得大规模文本分析、语义搜索等任务变得更加可行和高效。

2.8.2 内容审核与过滤

内容审核与过滤是现代人工智能和自然语言处理应用中的重要技术，尤其在处理社交媒体、评论系统、新闻聚合和其他用户生成内容（UGC）平台时，它们的作用尤为关键。内容审核的核心目的是确保平台上发布的信息符合道德、法律和政策要求，防止发布不当、恶意或有害的内容，维护平台的健康生态。

内容审核与过滤通常通过自动化技术实现，利用机器学习、深度学习以及自然语言处理（NLP）技术对文本数据进行分析和评估。这一过程首先涉及对文本内容的分类，识别是否包含违法、暴力、恶心、不当言论或恶意信息。基于词汇的关键词过滤是一种常见的做法，但这往往存在一定的局限性，因为很多恶意内容会通过同义词替换、拼写变异或隐晦表达来规避关键词检测。为了解决这一问题，现代内容审核系统通常结合了深度学习模型，尤其是基于 Transformer 架构的预训练语言模型，如 BERT、GPT 等，这些模型能够深刻理解文本的语境和潜在的隐性信息。

在内容过滤过程中，通常会根据文本的主题、情感色彩、上下文以及其可能的社会影响进行评估。例如，通过情感分析技术，系统能够检测是否存在负面情绪或敌对语言。对于敏感内容，如性别歧视、种族歧视、仇恨言论等，模型可以利用训练数据中的标注信息识别相关语句，并对其进行标记或拦截。此外，图像和视频内容的审核也愈发重要，因此，内容审核系统往往不仅局限于文本，还扩展到图像、音频和视频等多模态内容的审核，确保平台上所有形式的内容都符合规定的标准。

随着算法的不断进步，内容审核系统不仅在识别直接的不当内容方面表现出色，还能够检测隐晦、模糊或有意规避的恶意信息。在实际应用中，系统往往会结合人工审核和机器自动化审核两种方式，确保审核结果的准确性与及时性。通过强化学习和在线更新机制，审核模型会随着时间的推移持续学习并优化，从而应对新的内容风险和攻击手段。

总体而言，内容审核与过滤技术不仅仅是对内容进行简单的剔除，还包含了对社交行为、文化规范以及法规政策的深刻理解和应用，是构建健康、安全且符合法律法规的在线平台的基础。

2.9 本章小结

本章深入探讨了 DeepSeek API 的基本概念与功能，重点介绍了如何通过 API 接口调用和选择合适的模型来实现不同的任务。首先，通过理解 API 请求与响应机制，开发者能够有效地与 DeepSeek 平台进行交互，进行数据传输与处理。其次，介绍了模型的配置与定制化，展示了如何根据需求调整模型参数以优化生成结果。通过介绍任务开发中的各种输入选项与配置，展示了如何精确控制文本生成过程中的创意性、长度等参数。

此外，本章还涉及了输出格式与优化，讲解了如何通过合适的配置与后处理提升生成内容的质量与效率。总之，本章为开发者提供了全面的 DeepSeek API 使用指南，帮助理解如何灵活应用 DeepSeek 平台的强大功能。

03 第3章　使用DeepSeek构建应用程序

本章深入探讨了如何使用 DeepSeek 平台构建实际应用程序。随着人工智能技术的迅速发展，如何将深度学习模型有效地集成到实际产品中，成为开发者面临的重要课题。本章将重点介绍在开发过程中如何通过 DeepSeek API 进行任务定义、接口调用及模型配置，进而实现个性化的应用功能。此外，本章还将讲解如何设计高效的系统架构，确保应用的可扩展性、性能优化与安全性。在此基础上，结合具体示例，展示如何利用 DeepSeek 的强大能力，打造出符合实际需求的应用程序。

3.1 应用程序开发概述

本节概述了应用程序开发的整体框架与流程，旨在为开发者提供构建基于 DeepSeek 平台的高效应用所需的基本理解。随着人工智能技术的不断进步，应用程序的开发不再仅仅依赖传统编程逻辑，而是通过深度学习模型的集成与优化，实现智能化功能。

本节将重点阐述如何通过 API 接口实现与 DeepSeek 平台的无缝连接，如何根据需求选择合适的模型进行任务处理，并详细介绍开发过程中应考虑的系统架构设计、性能优化、安全性保障等方面内容，为后续的开发实践奠定坚实的基础。

3.1.1 API 密钥管理

API 密钥管理是现代软件开发中至关重要的一环，它确保了 API 的安全性、合法性与效率。每个 API 密钥都充当着身份验证的角色，用于区分不同用户和应用程序，并决定其对 API 服务的访问权限。合理的 API 密钥管理不仅能提高系统安全性，防止未授权访问，还能在发生问题时帮助开发者快速定位并解决问题。

在最佳实践中，API 密钥的生成、存储与传输方式是安全性的核心。首先，密钥应当由系统或平台生成，并在首次生成后尽量避免暴露，密钥的泄露可能会导致敏感数据的泄露或恶意滥用。为了防止密钥泄露，开发者应尽可能避免将密钥硬编码在源代码中，尤其是避免在开源项目或公共代码库中，而是应将密钥保存在安全的配置文件中，或者使用专门的密钥管理服务（如 AWS Secrets Manager 或 Google Cloud Secret

Manager）来进行密钥的安全存储。

其次，API 密钥的传输必须通过加密协议（如 SSL/TLS）保护，以防止密钥在网络传输过程中被截获。API 请求中应通过 HTTP 头部携带密钥，而不是作为 URL 参数传递，因为后者容易被日志记录或其他中间服务捕获。对于高安全性的应用，可以采用基于 OAuth 的认证机制，进一步加强 API 访问控制，确保每个请求都有严格的授权验证。

此外，合理的密钥生命周期管理也是最佳实践之一。API 密钥应具备有效期，当不再需要时应及时撤销或过期，避免长期有效的密钥成为潜在的安全漏洞。在可能的情况下，开发者应定期更换 API 密钥，降低密钥泄露带来的风险。为了提高密钥的管理效率，可采用按需生成和分配密钥的方式，使每个应用或开发者只获得有限的访问权限，防止过度授权。

总的来说，API 密钥的管理与最佳实践不仅要求开发者具备严谨的安全意识，还要求合理设计与实施 API 密钥管理的每一个环节，从密钥生成、存储、传输到生命周期管理，都需确保高标准的安全保障，以此确保 API 服务的可靠性与合规性。

3.1.2 数据安全与隐私保护

数据安全与隐私保护是现代应用程序开发中的核心组成部分，尤其在处理涉及用户个人数据、机密信息或敏感数据的系统中，保障数据的机密性、完整性和可用性尤为重要。在这一背景下，数据安全涵盖了多层次的保护措施，从数据的采集、存储到传输过程中的每一个环节，都需要通过精细的策略和技术手段进行严格控制。

首先，数据的加密是保障数据安全的基础。无论是静态数据（存储在硬盘或数据库中）还是动态数据（在网络中传输），都应通过加密算法进行保护。加密技术不仅可以确保数据内容不被未授权者窃取，还能在数据泄露时有效防止数据被篡改或滥用。常见的加密算法包括对称加密（如 AES）和非对称加密（如 RSA），前者适用于大规模数据的高效加密，后者则常用于密钥交换和身份验证。

在数据传输过程中，确保数据在公共网络中传输的安全性同样至关重要。传输加密协议，如 TLS（Transport Layer Security）和 SSL（Secure Socket Layer），可以有效防止数据在传输过程中被中间人攻击或窃取。这些协议通过使用数字证书和公私钥对加密通信双方进行身份验证，确保数据传输的机密性和完整性。

为了进一步提升数据安全性，严格的访问控制和身份认证机制至关重要。通过细粒度的权限管理，可以确保只有经过授权的用户或系统才能访问敏感数据。这可以通过多因素认证（MFA）、基于角色的访问控制（RBAC）等机制来实现，确保在不同权限级别的用户之间划分数据访问界限，并减少数据泄漏的风险。

隐私保护则专注于如何合法、合规地收集、存储和使用个人信息。在符合

GDPR、CCPA 等法律法规的前提下，数据处理者必须获得用户的明确同意，并告知其数据使用的目的、范围及存储时间等细节。此外，数据最小化原则要求仅收集和处理为完成任务所必需的最低限度的个人信息，从而最大限度地减少隐私泄露的风险。

此外，隐私保护技术，如差分隐私和隐私计算等，为用户隐私的保护提供了新的解决方案。差分隐私通过引入噪声来保护用户的个人数据，确保即使在数据被分析时，也无法追溯到个体用户的信息。隐私计算则是在不暴露用户敏感数据的前提下，进行数据分析和机器学习模型训练，进一步提升了数据的安全性和隐私性。

综上所述，数据安全与隐私保护不仅是技术实现的需求，更是符合法规要求的必要措施。通过加密、访问控制、隐私保护技术的综合应用，能够有效降低数据泄露、滥用的风险，确保数据在处理和存储过程中的安全性和合规性。

3.1.3 前后端分离开发模式

在现代 Web 开发中，前后端分离是一种非常流行的架构模式，它将前端和后端的开发和运行进行分离，彼此独立。前端负责展示和用户交互，后端负责业务逻辑、数据处理以及与数据库的交互。这样设计的好处在于开发效率和代码维护性更高，可以让前端和后端开发人员独立工作，且前端和后端可以使用不同的技术栈。

1. 前端开发（基于 HTML）

前端主要负责页面展示和与用户的交互。HTML 是构建页面结构的语言，CSS 用于美化页面，JavaScript 用于增加交互功能。在前后端分离模式下，前端的作用主要是发送请求到后端，接收并展示后端返回的数据。

假设用户已经有了一个 HTML 页面，比如一个表单页面，用户可以输入数据，提交后与后端交互。HTML 文件是纯静态文件，可以直接通过浏览器打开进行访问。例如，以下是一个简单的 HTML 表单。

```
<! DOCTYPE html>
<html lang="en">
<head>
    <meta charset="UTF-8">
    <meta name="viewport" content="width=device-width, initial-scale=1.0">
    <title>前端表单</title>
    <style>
        body { font-family: Arial, sans-serif; }
        .form-container { width: 300px; margin: 50px auto; }
        input[type="text"] { width: 100%; padding: 10px; margin-bottom: 10px; }
        button { width: 100%; padding: 10px; background-color: #4CAF50; color: white; }
    </style>
```

```
</head>
<body>
    <div class="form-container">
        <h2>数据提交表单</h2>
        <form id="dataForm">
            <input type="text" id="name" placeholder="请输入姓名" required />
            <button type="submit">提交</button>
        </form>
    </div>

    <script>
        // JavaScript 用于将表单数据发送给后端
        document.getElementById('dataForm').addEventListener('submit',
function(event) {
            event.preventDefault();
            let name=document.getElementById('name').value;

            fetch('/submit', {
                method: 'POST',
                headers: {
                    'Content-Type': 'application/json',
                },
                body: JSON.stringify({ name: name })
            })
            .then(response => response.json())
            .then(data => alert('收到后端数据: ' + JSON.stringify(data)))
            .catch(error => console.error('Error:', error));
        });
    </script>
</body>
</html>
```

通过下面的步骤即可运行前端代码。

(1) 将这个 HTML 代码保存为 index.html 文件。

(2) 直接双击该文件，浏览器将打开并渲染该页面。

(3) 页面上会有一个输入框和一个“提交”按钮，用户输入姓名并单击“提交”按钮，浏览器会通过 fetch()方法向后端发送请求。

2. 后端开发（基于 Flask）

后端开发的核心是处理前端发来的请求，处理业务逻辑并返回响应。在前后端分离模式下，后端的任务就是根据前端的请求返回数据。Flask 是一个轻量级的 Python Web 框架，非常适合用于开发 API 接口。

以下是一个用 Flask 框架实现后端处理的代码示例：

```
from flask import Flask, request,jsonify

app=Flask(__name__)

@app.route('/submit', methods=['POST'])
def submit_data():
    # 从前端接收数据
    data=request.get_json()
    name=data.get('name')

    # 后端可以进行一些处理,或者直接返回接收到的数据
    response={
        'message': f'Hello, {name}!',
        'status':'success'
    }

    # 返回响应给前端
    return jsonify(response)

if __name__ == '__main__':
    app.run(debug=True)
```

在系统中安装 Flask，可以使用以下命令安装：

```
pip install flask
```

将 Flask 代码保存为 app. py 文件，在命令行中导航到该 app. py 所在的目录，然后运行：

```
python app.py
```

后端服务会启动并监听默认端口（5000），此时后端 API 接口“/submit”便已经可以接受来自前端的请求。

3. 前后端交互原理

（1）前端提交请求：当用户在前端页面（HTML）中输入数据并单击“提交”按钮时，JavaScript 会通过 fetch()方法向后端的 Flask 服务器发送一个 POST 请求。请求的 URL 是/submit，请求体包含了用户输入的姓名数据。

（2）后端处理请求：Flask 服务器接收到这个请求后，进入 submit_data()函数，使用 request. get_json()方法获取前端发送的 JSON 数据。根据这个数据，后端可能进行一些处理（如存储到数据库、执行计算等）。

（3）返回响应：处理完请求后，后端通过 jsonify()将响应数据返回给前端。该

响应数据会包含一条消息，如“Hello，用户姓名！”，并包含状态信“success”。

（4）前端展示响应：前端通过 then( )方法处理后端返回的 JSON 响应，弹出一个提示框显示后端返回的数据（如“Hello，用户姓名！”）。

4. 整体工作流

（1）用户通过浏览器访问前端页面，填写表单并提交。

（2）前端通过 fetch( )方法将数据发送给后端 Flask 服务器。

（3）后端 Flask 接收到请求，处理后返回响应数据。

（4）前端收到后端返回的数据并展示给用户。

通过这种方式，前端与后端的功能实现互不干扰，可以独立开发和部署。前后端分离的模式提高了开发效率和代码的可维护性，同时前端可以独立于后端进行 UI 设计，后端也可以专注于数据和业务逻辑的处理。

3.2 软件架构设计原则

现代软件架构设计须遵循模块化、分层化与高可用性原则，通过合理划分组件、定义清晰接口，确保系统在应对高并发与大规模数据处理时具备卓越的扩展性与容错性。通过采用微服务、容器化及自动化运维等先进手段，可以实现业务逻辑与数据层的高效解耦，为深度应用开发提供坚实、灵活的技术支撑。

3.2.1 模块化与分层设计

模块化与分层设计是现代软件架构中的两项核心原则，广泛应用于复杂系统的开发与维护中。模块化旨在通过将系统划分为多个相对独立、功能明确的模块，以降低系统的复杂度、提高可维护性和可扩展性，如图 3-1 所示。

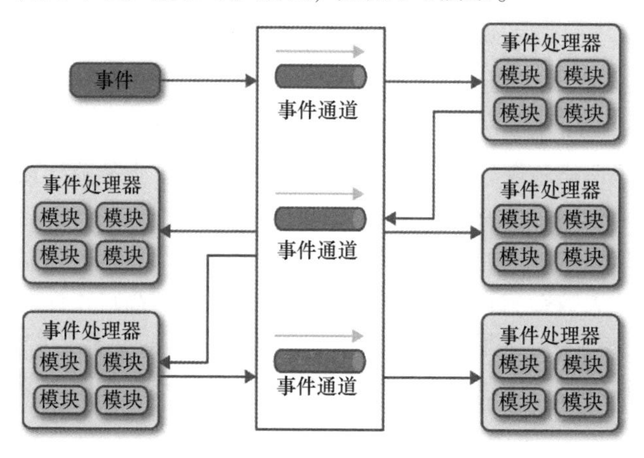

图 3-1　模块化与分层设计

每个模块通常承担特定的功能，模块间通过清晰的接口进行通信。这种设计方式能够有效地实现功能的重用、替换及升级，同时减少单一模块对整个系统的影响，增强系统的容错性和稳定性。

在模块化设计中，系统的功能通常被拆分为多个小的子模块，每个模块的功能是独立且自治的。模块之间的依赖关系应该保持最小化，确保模块的内聚性和独立性。通过将系统分解为多个模块，可以实现更高效的开发流程，减少复杂功能的实现时间，同时便于团队协作开发和代码的版本管理。

分层设计则是模块化设计中的一种重要实现方式，它通过将系统划分为多个层次，每一层负责不同的任务，从而实现对复杂系统的高效管理。常见的分层设计包括表现层、业务逻辑层和数据访问层。表现层负责与用户交互，展示数据并接受用户输入；业务逻辑层则负责处理核心业务逻辑，是系统的核心部分；数据访问层则负责与数据库或其他存储系统的交互，确保数据的存取操作不与业务逻辑层混淆。

分层设计的优势在于清晰的职责划分，每一层都专注于其特定的功能，减少了层与层之间的耦合度，使得系统更加灵活和可维护。通过分层架构，开发者能够在不影响其他层的情况下，对某一层进行修改或扩展，这使得系统的演化和优化更加高效。例如，数据库的更换或优化只需要修改数据访问层，而不需要调整业务逻辑层或表现层。

模块化与分层设计的结合能够极大地提升系统的可扩展性、可重用性和可维护性。随着需求的变化或技术的更新，开发者可以在不影响整体架构的前提下，对系统的某一部分进行独立的修改或优化。这不仅降低了开发与运维的成本，也使得系统的迭代与升级更加平滑和高效。

3.2.2 高可用性与容错性设计

高可用性与容错性设计是确保软件系统在面对硬件故障、网络问题或其他异常情况时，能够持续稳定运行的关键技术策略。高可用性设计旨在通过架构冗余、负载均衡和故障转移等手段，确保系统在面临部分组件失效时，仍能够为用户提供服务，从而最大限度地减少服务中断的时间与影响。容错性设计则侧重于在系统出现故障时，能够自动检测并采取措施恢复系统的正常功能，避免因单点故障导致整个系统瘫痪。

高可用性通常依赖于多重冗余机制，确保关键系统组件的备份存在，并能在主系统发生故障时迅速切换。例如，在分布式系统中，通过部署多个数据中心或多个节点来避免单一节点的失败影响到整个服务。负载均衡是实现高可用性的常用手段，它通过智能地分配请求到不同的服务器或节点，避免某一节点过载，保证请求的及时响应。当某一节点失效时，负载均衡系统会自动将流量转发至健康的节点，确保系统的高可用性。

容错性设计则关注系统在发生错误时的自我恢复能力。通过自动故障检测和响应机制，系统能够快速识别故障节点，并通过预设的恢复策略将服务恢复到正常状态。常见的容错技术包括冗余存储、自动重试、回滚机制和分布式事务。冗余存储通过复制数据到多个位置，即使某一存储节点发生故障，也能确保数据不会丢失，保证数据的一致性与可用性。自动重试和回滚机制则可以在系统出现临时性故障时，通过重试操作或回滚到上一个稳定状态来恢复服务。

在实践中，高可用性与容错性设计通常是紧密结合的。高可用性提供了系统运行的连续性，而容错性则确保了在发生故障时，系统能够迅速恢复，最小化用户体验的损失。通过综合运用这些设计原则，开发者能够确保系统在面临各种挑战时，依然保持可靠、稳定的服务能力。

3.2.3 性能优化与资源管理

性能优化与资源管理是软件架构设计中至关重要的组成部分，旨在通过高效的资源分配和使用，提升系统的响应速度和处理能力，同时降低资源浪费，确保系统在高负载和大规模操作下的稳定性与可扩展性。性能优化不仅限于对算法和代码的优化，更包括对硬件资源、网络带宽、数据库和存储系统等的综合管理。

在性能优化的过程中，最核心的目标是减少延迟、提高吞吐量，并优化系统的响应时间。为了实现这一目标，常见的策略包括缓存机制的引入、延迟容忍性和并发处理技术。缓存机制能够通过存储常用的数据或计算结果，减少重复计算和频繁的数据库访问，从而提高数据访问的速度。

延迟容忍性设计则通过在系统架构中引入异步处理或批量处理，避免系统在面临大量并发请求时因同步操作而导致的性能瓶颈。并发处理技术，例如多线程和分布式计算，能够充分利用多核处理器的优势，实现并行任务的快速处理，从而显著提升系统处理能力。

此外，性能优化和资源管理还应结合系统的监控与调试手段，实时跟踪系统的资源使用情况和性能指标。通过使用性能监控工具，开发者能够识别潜在的瓶颈，进行针对性的优化。例如，使用 A/B 测试、负载测试等手段评估系统在不同负载条件下的表现，并根据测试结果进行进一步优化调整。

综上所述，性能优化与资源管理通过一系列技术手段确保系统在高效、稳定运行的同时，尽可能减少资源浪费。合理的优化策略不仅能够提高用户体验，还能够降低运营成本，提升系统的整体效能。

3.3 大模型驱动型应用的潜在问题

大模型驱动型应用虽然在提升系统智能化水平和处理能力上展现出巨大潜力，但在实际应用中也伴随着一系列潜在问题。包括计算资源消耗巨大、推理速度较慢、模型可解释性差以及对特定任务的精度和鲁棒性要求等问题。

如何在性能与成本之间找到平衡，如何优化大模型在实际应用中的推理效率，如何在保证系统稳定性的同时减少过度依赖数据量的影响，都是开发者在构建大模型驱动型应用时急切需要解决的问题。

3.3.1 输入输出的分析与优化

输入输出的分析与优化是系统设计中至关重要的环节，尤其在高性能应用和大规模数据处理的场景中，能否高效地管理数据流动、降低延迟并提高吞吐量，直接影响系统的响应时间和处理能力。输入输出操作通常是数据处理系统中的瓶颈，尤其在涉及大量数据读写的操作时，系统的 I/O 性能优化显得尤为重要。

批处理与流式处理技术也在输入输出优化中发挥着重要作用。在处理大规模数据时，批处理可以通过合并多个小的 I/O 操作，减少磁盘和网络的访问次数，进而提高整体系统的吞吐量。流式处理则是在处理实时数据时，通过管道化和异步处理的方式，最大限度地利用 I/O 资源，避免同步阻塞导致的性能瓶颈。流式 I/O 操作通过分批次读取数据并即时处理，使得系统能够并行处理多个 I/O 请求，从而有效提升并发处理能力。

输入输出的优化不仅仅依赖于硬件和协议的优化，还需要结合应用层的策略调整。例如，通过根据请求的优先级进行调度、优化数据库查询语句、减少重复数据的存取等手段，可以进一步提升 I/O 操作的效率。

综上所述，输入输出的分析与优化涉及从硬件层面到应用层面的多维度优化。通过合理的缓存机制、数据分布策略、批处理与流式处理技术、协议优化等手段，能够有效提升系统在高并发、大数据量情况下的处理能力和响应速度，进而提升整体系统的性能。

3.3.2 提示词注入的防范

提示词注入（Prompt Injection）是近年来在自然语言处理和人工智能应用中浮现的一种潜在风险，尤其是在基于生成模型的应用中。攻击者通过精心设计的输入，注入特定的提示词，进而影响模型生成的输出结果，从而达到篡改或操控输出的目的。这种攻击方式本质上是利用模型的预测性和生成能力，通过不当输入干扰模型的推理过程，可能导致系统产生恶意或不符合预期的行为。

防范提示词注入的核心目标是保证生成模型在处理输入时，能够准确理解并按预定规则执行任务，避免外部恶意输入使模型产生偏离预期的行为。首先，系统设计时需要确保输入数据的严格验证和清洗。对用户输入的数据进行过滤，尤其是对包含潜在注入风险的文本，采取过滤、转义等处理手段，阻止危险字符或特定提示词的传递。此外，输入文本的上下文管理也是防范提示词注入的有效手段，通过保持输入上下文的一致性和完整性，减少攻击者通过改变上下文来影响模型推理的机会。

总而言之，提示词注入防范策略涉及输入数据的多重验证、上下文管理、对抗性训练以及安全控制等方面。这些综合性措施能够显著提升系统的安全性，减少攻击者通过输入干扰模型的可能性，确保生成结果的准确性和可信度。

3.4 示例项目

示例项目部分的具体应用实例展示了如何将 DeepSeek 平台与不同业务场景相结合，帮助开发者更好地理解和应用 API。每个项目从需求分析、架构设计到具体实现，涵盖了从文本生成到复杂任务处理的不同场景，高效地整合大模型驱动的功能，为实际开发提供解决方案。这些示例项目不仅展示了 DeepSeek 强大的功能，也为开发者提供了实用的代码示例和最佳实践，帮助其在各类应用中灵活运用深度学习技术。

3.4.1 项目 1：智能新闻生成器

智能新闻生成器是基于 DeepSeek API 的一个应用，旨在通过输入特定的主题或关键词，自动生成一篇符合预定内容的新闻文章。系统利用 DeepSeek 强大的自然语言生成模型，通过分析输入的文本信息，生成结构化、语法正确且内容丰富的新闻报道。

这类系统适用于新闻行业、内容创作平台以及信息聚合网站，能够自动化生成多种类型的新闻文章，提升从业人员工作效率。

前端（基于 HTML）页面设计要求清新、简洁，提供对用户友好的输入界面。页面包括输入框、选择新闻主题的下拉菜单、生成新闻的按钮以及显示生成内容的区域。前端通过 AJAX 与后端进行通信，调用 DeepSeek API 生成新闻文章，并将其展示在页面上。基于 HTML 的智能新闻生成器前端页面如图 3-2 所示。

图 3-2　智能新闻生成器前端页面

后端部分实现了接收前端请求、调用 DeepSeek API 生成新闻内容的功能。后端代码会根据前端输入的参数（如新闻主题、内容长度等）配置 API 请求，获取响应后返回生成的新闻内容。

下面是 HTML 前端页面和后端部分的实现。

（1）HTML 前端页面的实现如下所示。

```
<! DOCTYPE html>
<html lang="zh-CN">
<head>
    <meta charset="UTF-8">
    <meta name="viewport" content="width=device-width, initial-scale=1.0">
    <title>智能新闻生成器</title>
    <style>
        body {
            font-family: Arial, sans-serif;
            background-color: #e0f7ff;
            margin: 0;
            padding: 0;
            color: #333;
        }
        .container {
            width: 60%;
            margin: 50px auto;
            padding: 30px;
            background-color: #ffffff;
            box-shadow: 0 4px 12px rgba(0, 0, 0, 0.1);
            border-radius: 8px;
        }
        h1 {
            text-align: center;
            color: #007bff;
        }
        label {
            font-size: 16px;
            color: #555;
        }
        select, input[type="text"] {
            width: 100%;
            padding: 12px;
            margin-top: 10px;
            margin-bottom: 20px;
            border-radius: 5px;
            border: 1px solid #ccc;
            font-size: 16px;
        }
        button {
```

```
            padding: 12px 20px;
            background-color: #007bff;
            color: white;
            border: none;
            border-radius: 5px;
            font-size: 16px;
            cursor: pointer;
        }
        button:hover {
            background-color: #0056b3;
        }
        .output {
            margin-top: 20px;
            padding: 15px;
            background-color: #f0f8ff;
            border-radius: 5px;
            border: 1px solid #e1e1e1;
            font-size: 16px;
            white-space: pre-line;
        }
    </style>
</head>
<body>

<div class="container">
    <h1>智能新闻生成器</h1>

    <label for="news-topic">选择新闻主题:</label>
    <select id="news-topic">
        <option value="科技">科技</option>
        <option value="健康">健康</option>
        <option value="体育">体育</option>
        <option value="政治">政治</option>
        <option value="娱乐">娱乐</option>
    </select>

    <label for="news-length">选择文章长度:</label>
    <select id="news-length">
        <option value="150">短新闻(150 字)</option>
        <option value="300">中等新闻(300 字)</option>
        <option value="500">长新闻(500 字)</option>
    </select>
```

```
    <label for="custom-topic">输入自定义话题(可选):</label>
    <input type="text" id="custom-topic" placeholder="输入您想要的新闻话题">

    <button id="generate-button">生成新闻</button>

    <div id="output" class="output" style="display: none;">
        <p><strong>生成的新闻:</strong></p>
        <p id="generated-news"></p>
    </div>
</div>

<script>
    document.getElementById('generate-button').addEventListener('click', function () {
        var topic=document.getElementById('news-topic').value;
        var length=document.getElementById('news-length').value;
        var customTopic=document.getElementById('custom-topic').value.trim();
        var newsPrompt=customTopic || topic;

        if (!newsPrompt) {
            alert('请输入新闻主题或自定义话题');
            return;
        }

        fetch('/generate-news', {
            method: 'POST',
            headers: {
                'Content-Type': 'application/json'
            },
            body: JSON.stringify({ topic: newsPrompt, length: length })
        })
        .then(response => response.json())
        .then(data => {
            if (data.news) {
                document.getElementById('generated-news').textContent=data.news;
                document.getElementById('output').style.display='block';
            } else {
                alert('生成失败,请重试');
            }
        })
        .catch(error => {
            alert('错误:' + error);
```

```
        });
    });
</script>

</body>
</html>
```

（2）后端部分的实现如下所示。

```
from flask import Flask, request,jsonify
import requests

app=Flask(__name__)

API_KEY='your_deepseek_api_key'  #请替换为您的 DeepSeek API 密钥
API_URL='https://api.deepseek.com/v1/generate'

@app.route('/generate-news', methods=['POST'])
def generate_news():
    data=request.get_json()
    topic=data.get('topic')
    length=int(data.get('length'))

    prompt=f"Write a {length} word news article about {topic}."

    headers={
        'Authorization': f'Bearer {API_KEY}',
        'Content-Type': 'application/json'
    }

    payload={
        'model': 'text-davinci-003',
        'prompt': prompt,
        'temperature': 0.7,
        'max_tokens': length,
        'top_p': 1,
        'stop': ["\n"]
    }

    response=requests.post(API_URL, headers=headers, json=payload)

    if response.status_code == 200:
        result=response.json()
```

```
        news=result.get('choices')[0].get('text').strip()
        return jsonify({'news': news})
    else:
        return jsonify({'news': '生成新闻失败'}), 500


if __name__ == '__main__':
    app.run(debug=True)
```

代码解析如下。

（1）前端：用户可以选择新闻的主题、长度，并可以输入自定义话题。单击“生成新闻”按钮后，页面通过 AJAX 请求将输入的信息发送给后端，后端返回生成的新闻并将其显示在页面上。

（2）后端：后端使用 Flask 框架来接收前端的请求，并调用 DeepSeek API 生成新闻。根据用户选择的新闻主题和长度，后端构建相应的 API 请求，将返回的新闻内容返回给前端。

（3）DeepSeek API：后端通过 DeepSeek 的文本生成模型（如 text-davinci-003）生成新闻内容，max_tokens 用于控制新闻的长度，temperature 控制生成内容的创意度。

通过这种设计，智能新闻生成器能够快速生成符合用户需求的新闻内容，并为用户提供交互式的体验。

3.4.2 项目 2：视频内容摘要工具

视频内容摘要工具是基于 DeepSeek API 的一个应用，旨在从视频中提取有价值的信息，生成简洁的摘要。该工具通过对视频的音频或字幕进行处理，利用自然语言处理技术将视频中的关键信息提取出来，并生成一个精炼的文本摘要。用户只需上传视频，选择摘要类型（如简洁摘要或详细摘要），并根据需求调整模型参数，系统即可自动生成视频的文本摘要。该工具适用于新闻、教育、娱乐等领域，帮助用户快速获取视频的核心信息。视频内容摘要工具如图 3-3 所示。

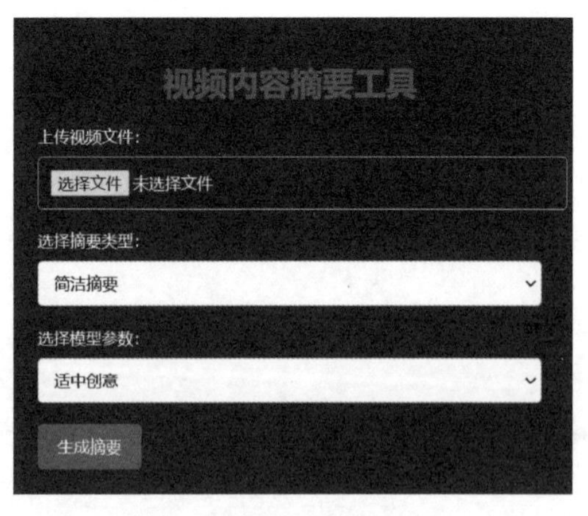

图 3-3　视频内容摘要工具

前端页面需要提供视频上传、摘要类型选择、模型参数调节等功能。通过美观的界面设计，用户可以方便地进行设置并提交请求。后端部分负责接收视频文件，调用 DeepSeek API 生成摘要，并将结果返回给前端。

（1）前端 HTML 页面的代码如下所示。

```
<!DOCTYPE html>
<html lang="zh-CN">
<head>
    <meta charset="UTF-8">
    <meta name="viewport" content="width=device-width, initial-scale=1.0">
    <title>视频内容摘要工具</title>
    <style>
        body {
            font-family: Arial, sans-serif;
            background-color: #001f3d;
            margin: 0;
            padding: 0;
            color: #fff;
        }
        .container {
            width: 60%;
            margin: 50px auto;
            padding: 30px;
            background-color: #003d6b;
            box-shadow: 0 4px 12px rgba(0, 0, 0, 0.1);
            border-radius: 8px;
        }
        h1 {
            text-align: center;
            color: #1e90ff;
        }
        label {
            font-size: 16px;
            color: #fff;
        }
        input[type="file"], select {
            width: 100%;
            padding: 12px;
            margin-top: 10px;
            margin-bottom: 20px;
            border-radius: 5px;
            border: 1px solid #ccc;
            font-size: 16px;
        }
        button {
```

```
            padding: 12px 20px;
            background-color: #1e90ff;
            color: white;
            border: none;
            border-radius: 5px;
            font-size: 16px;
            cursor: pointer;
        }
        button:hover {
            background-color: #104e8b;
        }
        .output {
            margin-top: 20px;
            padding: 15px;
            background-color: #f0f8ff;
            border-radius: 5px;
            border: 1px solid #e1e1e1;
            font-size: 16px;
            white-space: pre-line;
        }
    </style>
</head>
<body>

<div class="container">
    <h1>视频内容摘要工具</h1>

    <label for="video-upload">上传视频文件:</label>
    <input type="file" id="video-upload" accept="video/* ">

    <label for="summary-type">选择摘要类型:</label>
    <select id="summary-type">
        <option value="short">简洁摘要</option>
        <option value="detailed">详细摘要</option>
    </select>

    <label for="model-parameters">选择模型参数:</label>
    <select id="model-parameters">
        <option value="0.5">适中创意</option>
        <option value="0.8">高度创意</option>
        <option value="0.2">简洁创意</option>
    </select>
```

```
        <button id="generate-summary">生成摘要</button>

        <div id="output" class="output" style="display: none;">
            <p><strong>生成的摘要:</strong></p>
            <p id="generated-summary"></p>
        </div>
    </div>

    <script>
        document.getElementById('generate-summary').addEventListener('click', func-
tion () {
            var videoFile=document.getElementById('video-upload').files[0];
            var summaryType=document.getElementById('summary-type').value;
            var modelParameters=document.getElementById('model-parameters').value;

            if (!videoFile) {
                alert('请上传视频文件');
                return;
            }

            var formData=new FormData();
            formData.append('video', videoFile);
            formData.append('summaryType', summaryType);
            formData.append('modelParameters', modelParameters);

            fetch('/generate-summary', {
                method: 'POST',
                body:formData
            })
            .then(response => response.json())
            .then(data => {
                if (data.summary) {
                    document.getElementById('generated-summary').textContent=data.
summary;
                    document.getElementById('output').style.display='block';
                } else {
                    alert('生成失败,请重试');
                }
            })
            .catch(error => {
                alert('错误:' + error);
```

```
        });
    });
</script>

</body>
</html>
```

（2）后端代码（Python Flask）如下所示。

```
from flask import Flask, request,jsonify
import requests

app=Flask(__name__)

API_KEY='your_deepseek_api_key'  #请替换为您的 DeepSeek API 密钥
API_URL='https://api.deepseek.com/v1/generate'

@app.route('/generate-summary', methods=['POST'])
def generate_summary():
    #获取上传的文件和参数
    video_file=request.files.get('video')
    summary_type=request.form.get('summaryType')
    model_parameters=float(request.form.get('modelParameters'))

    if not video_file:
        return jsonify({'error':'没有上传视频文件'}), 400

    #假设视频处理生成文本,这里模拟生成的视频摘要
    video_text="这是从视频中提取的内容摘要,基于视频的主题生成了相应的新闻摘要。"

    #根据选择的摘要类型生成不同的摘要
    if summary_type =='short':
        video_text=video_text[:100] + "..."
    elif summary_type =='detailed':
        video_text=video_text + "详细内容将进一步扩展,涵盖更多的相关背景和详细分析。"

    #设置 DeepSeek API 请求的参数
    headers={
        'Authorization': f'Bearer {API_KEY}',
        'Content-Type':'application/json'
    }

    payload={
```

```
        'model': 'text-davinci-003',
        'prompt': video_text,
        'temperature': model_parameters,
        'max_tokens': 300,
        'top_p': 1,
        'stop': ["\n"]
    }

    response=requests.post(API_URL, headers=headers, json=payload)

    if response.status_code == 200:
        result=response.json()
        summary=result.get('choices')[0].get('text').strip()
        return jsonify({'summary': summary})
    else:
        return jsonify({'summary': '生成摘要失败'}), 500

if __name__ == '__main__':
    app.run(debug=True)
```

代码解析如下。

（1）前端：页面提供视频上传功能，用户可以选择生成的摘要类型（简洁或详细），并根据需求选择模型创意度（温度参数）。用户单击“生成摘要”按钮后，前端通过 AJAX 向后端发送请求，后端会处理视频文件并返回生成的摘要。

（2）后端：后端使用 Flask 框架来接收前端请求，处理视频文件并调用 DeepSeek API 生成摘要。根据用户选择的摘要类型和模型参数，后端构建 API 请求，将返回的生成摘要返回给前端展示。

（3）DeepSeek API：后端通过 DeepSeek 的文本生成模型（如 text-davinci-003）生成视频摘要，temperature 控制生成的创意度，max_tokens 控制生成文本的长度。

通过这种设计，视频内容摘要工具能够根据用户需求生成精炼的文本摘要，帮助用户快速了解视频的核心内容，节省时间和精力。

3.4.3 项目 3：游戏攻略助手

游戏攻略助手是一款基于 DeepSeek API 的智能工具，旨在帮助玩家快速获取各种游戏的攻略与技巧。用户通过输入游戏名称或特定的任务目标，系统将自动生成详细的游戏攻略，包括通关策略、任务提示、敌人弱点、装备推荐等。该工具可支持多种游戏类型的攻略生成，涵盖角色扮演、动作冒险、战略等多种游戏风格，旨在提升玩家的游戏体验和效率。游戏攻略助手页面如图 3-4 所示。

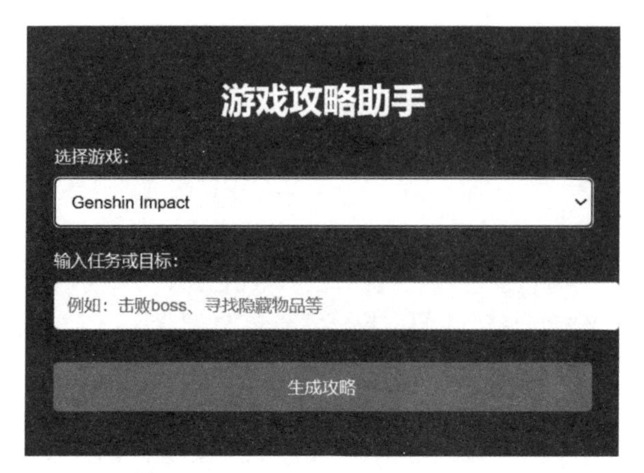

图 3-4　游戏攻略助手页面

此工具的前端包括多个页面，分别用于选择游戏、输入游戏任务、展示生成的攻略内容。前端页面设计简洁大方，提供直观的用户交互。后端负责接收前端请求，调用 DeepSeek API 生成相关的游戏攻略内容，并将其返回给前端显示。

（1）前端页面 1“选择游戏”的 HTML 代码如下所示。

```
<! DOCTYPE html>
<html lang="zh-CN">
<head>
    <meta charset="UTF-8">
    <meta name="viewport" content="width=device-width, initial-scale=1.0">
    <title>游戏攻略助手</title>
    <style>
        body {
            font-family: Arial, sans-serif;
            background-color: #e0f7ff;
            margin: 0;
            padding: 0;
            color: #333;
        }
        .container {
            width: 60%;
            margin: 50px auto;
            padding: 30px;
            background-color: #003366;
            box-shadow: 0 4px 12px rgba(0, 0, 0, 0.1);
            border-radius: 8px;
```

```
        }
        h1 {
            text-align: center;
            color: #ffffff;
        }
        label {
            font-size: 16px;
            color: #ffffff;
        }
        select, input[type="text"], button {
            width: 100%;
            padding: 12px;
            margin-top: 10px;
            margin-bottom: 20px;
            border-radius: 5px;
            border: 1px solid #ccc;
            font-size: 16px;
        }
        button {
            background-color: #1e90ff;
            color: white;
            border: none;
            cursor: pointer;
        }
        button:hover {
            background-color: #104e8b;
        }
    </style>
</head>
<body>

<div class="container">
    <h1>游戏攻略助手</h1>

    <label for="game-select">选择游戏:</label>
    <select id="game-select">
        <option value="Elden Ring">Elden Ring</option>
        <option value="Genshin Impact">Genshin Impact</option>
        <option value="Minecraft">Minecraft</option>
        <option value="The Witcher 3">The Witcher 3</option>
    </select>
```

```
        <label for="task-input">输入任务或目标:</label>
        <input type="text" id="task-input" placeholder="例如:击败 boss、寻找隐藏物品等">

        <button id="generate-guide">生成攻略</button>
    </div>

    <script>
        document. getElementById (' generate-guide '). addEventListener (' click ',
function () {
            var game=document.getElementById('game-select').value;
            var task=document.getElementById('task-input').value.trim();

            if (!task) {
                alert('请输入任务或目标');
                return;
            }

            fetch('/generate-guide', {
                method: 'POST',
                headers: {
                    'Content-Type': 'application/json'
                },
                body: JSON.stringify({ game: game, task: task })
            })
            .then(response => response.json())
            .then(data => {
                if (data.guide) {
window.location.href='/show-guide? guide= ${encodeURIComponent(data.guide)}';
                } else {
                    alert('生成攻略失败,请重试');
                }
            })
            .catch(error => {
                alert('错误:' + error);
            });
        });
    </script>

    </body>
    </html>
```

（2）前端页面2“显示生成的攻略”的 HTML 代码如下所示。

```
<!DOCTYPE html>
<html lang="zh-CN">
<head>
    <meta charset="UTF-8">
    <meta name="viewport" content="width=device-width, initial-scale=1.0">
    <title>游戏攻略助手</title>
    <style>
        body {
            font-family: Arial, sans-serif;
            background-color: #e0f7ff;
            margin: 0;
            padding: 0;
            color: #333;
        }
        .container {
            width: 60%;
            margin: 50px auto;
            padding: 30px;
            background-color: #003366;
            box-shadow: 0 4px 12px rgba(0, 0, 0, 0.1);
            border-radius: 8px;
        }
        h1 {
            text-align: center;
            color: #ffffff;
        }
        .guide-content {
            font-size: 16px;
            color: #ffffff;
            margin-top: 20px;
            white-space: pre-line;
        }
        .button-container {
            text-align: center;
            margin-top: 30px;
        }
        button {
            background-color: #1e90ff;
            color: white;
            border: none;
```

```
            cursor: pointer;
            padding: 12px 20px;
            font-size: 16px;
        }
        button:hover {
            background-color: #104e8b;
        }
    </style>
</head>
<body>

<div class="container">
    <h1>游戏攻略助手 - 生成的攻略</h1>

    <div id="guide-content" class="guide-content"></div>

    <div class="button-container">
        <button onclick="window.history.back()">返回</button>
    </div>
</div>

<script>
    const urlParams=new URLSearchParams(window.location.search);
    const guide=urlParams.get('guide');
document.getElementById('guide-content').textContent=decodeURIComponent(guide);
</script>

</body>
</html>
```

（3）后端代码（Python Flask）如下所示。

```
from flask import Flask, request,jsonify
import requests

app=Flask(__name__)

API_KEY='your_deepseek_api_key'  #请替换为您的 DeepSeek API 密钥
API_URL='https://api.deepseek.com/v1/generate'

@app.route('/generate-guide', methods=['POST'])
def generate_guide():
```

```
    data=request.get_json()
    game=data.get('game')
    task=data.get('task')

    # 根据游戏和任务生成相应的提示词
    prompt-f"为游戏《{game}》生成关于'{task}'的攻略。"

    # 调用 DeepSeek API 生成游戏攻略
    headers={
        'Authorization': f'Bearer {API_KEY}',
        'Content-Type': 'application/json'
    }

    payload={
        'model': 'text-davinci-003',
        'prompt': prompt,
        'temperature': 0.7,
        'max_tokens': 500,
        'top_p': 1,
        'stop': ["\n"]
    }

    response=requests.post(API_URL, headers=headers, json=payload)

    if response.status_code == 200:
        result=response.json()
        guide=result.get('choices')[0].get('text').strip()
        return jsonify({'guide': guide})
    else:
        return jsonify({'guide': '生成攻略失败'}), 500

if __name__ == '__main__':
    app.run(debug=True)
```

代码解析如下。

（1）前端：页面1——用户选择游戏并输入任务或目标，单击“生成攻略”按钮，发送请求到后端。页面2——显示生成的攻略内容。通过URL参数传递生成的攻略文本，并在该页面展示。

（2）后端：generate-guide——接收前端传递的游戏和任务信息，构建相应的提示词，调用DeepSeek API生成游戏攻略。将生成的攻略返回给前端，并重定向到页面2展示。

（3）DeepSeek API：后端调用 DeepSeek 的文本生成模型（如 text-davinci-003）生成游戏攻略。prompt 字段中传入游戏名称和任务信息，temperature 控制生成的创意度，max_tokens 限制生成的字数。

通过这种设计，游戏攻略助手能够根据用户提供的游戏和任务自动生成详细的攻略内容，极大地提高了玩家获取游戏信息的效率。

3.5 本章小结

本章深入探讨了如何使用 DeepSeek 平台构建实际应用程序。首先，介绍了应用程序开发的整体框架，强调了通过 API 接口与 DeepSeek 平台进行高效交互的重要性。接着，详细阐述了软件架构设计原则，提出模块化、分层设计、高可用性与容错性等关键技术，以确保系统的灵活性、稳定性和扩展性。

本章通过分析大模型驱动型应用的潜在问题，指出了计算资源消耗、推理速度和模型可解释性等挑战，进一步强调了性能优化与资源管理的重要性。最后，通过示例项目，展示了如何应用 DeepSeek API 解决具体问题，帮助开发者将理论与实践相结合，成功构建出高效且智能的应用程序。

04 第4章 DeepSeek高级技巧

本章将深入探讨 DeepSeek 平台的高级应用技巧，旨在帮助开发者掌握更高效、灵活的功能使用方法。本章内容涵盖了提示词设计、模型微调、模型自定义优化等高级功能，旨在提升生成文本的质量与精确度，以满足多样化的应用场景需求。通过对各种高级技术的应用与实例分析，开发者能够更好地理解 DeepSeek 的强大功能，并将其灵活应用于实际开发中，从而实现更具创意和价值的结果输出。

4.1 提示工程

本节将深入探讨提示工程（Prompt Engineering）这一核心技术，它是提升 DeepSeek 生成模型性能和精度的关键。通过精心设计和优化提示词，能够有效引导模型生成符合预期的高质量内容。本节将介绍如何构建高效的提示词，以及如何通过细致的调整和实验来优化模型的输出，确保生成结果更符合任务要求。掌握提示工程的技巧，不仅能提升生成内容的准确性和创意性，还能在多种实际应用场景中实现更为精准的功能部署。

4.1.1 设计高效的提示词

在设计高效的提示词时，通常需要结合实际应用场景来进行优化。以下通过几个实际例子，详细说明如何设计高效的提示词，以引导模型生成符合需求的内容。

1. 示例 1：生成新闻报道

假设任务是生成一篇关于科技行业的新闻报道。如果只给出简单的提示词如“写一篇科技新闻”，可能会导致生成的内容过于宽泛，缺乏具体细节，甚至不符合新闻报道的结构。为了解决这个问题，可以通过更加详细和具体的提示词来引导模型生成结构化的新闻内容。

低效提示词：“写一篇科技新闻”

高效提示词：“请写一篇关于最新人工智能技术的科技新闻，内容包括以下几个方面：

（1）最新的人工智能技术突破；

（2）该技术对行业的影响；

（3）相关专家的评论；

（4）如果可能，加入一段关于该技术应用的案例分析。请确保语气正式，文章结构清晰，字数大约 300 字。”

这种提示词通过明确要求内容的结构（突破、影响、专家评论、案例分析）和语气（正式），并设置字数范围，使得模型能够生成结构化、内容丰富且符合预期的新闻报道。

2. 示例 2：生成游戏攻略

假设任务是生成关于一款游戏的攻略，而这个攻略要包含关卡提示和战术建议。为了提高效率，避免生成过于笼统的攻略，可以设计带有具体要求的提示词。

低效提示词：“写一个游戏攻略”

高效提示词：“请为《Minecraft》游戏生成一个关于如何击败 Ender Dragon 的攻略，内容应包括：

（1）准备工作：推荐的装备和物品；

（2）进入末地的步骤；

（3）战斗策略：如何应对 Ender Dragon 及其仆从；

（4）完成任务后的奖励和奖励物品。请确保语气简洁且实用，字数控制在 400 字以内。”

在这个例子中，提示词明确了攻略的内容（准备工作、战斗策略、奖励等），并要求生成的内容简洁实用，避免无关信息的出现。

3. 示例 3：生成创意写作

如果任务是生成一篇具有创意性的短篇故事，提示词的设计需要更加注重创意和语气的控制。简单的提示词可能会导致生成内容缺乏创新性或深度，因此可以通过细化提示词来引导模型生成更符合要求的内容。

低效提示词：“写一个短篇故事”

高效提示词：“请根据以下提示生成一篇短篇故事：

（1）故事的主角是一名年轻的科学家，正在尝试进行一项危险的实验；

（2）故事的背景设定在未来的城市，科技高度发达但人类情感逐渐疏离；

（3）故事中的转折点是主角成功了或失败了，必须带有意想不到的结局；

（4）故事长度大约在 300~500 字之间，语气应富有创意并略带悬疑。”

这个提示词通过给出角色、背景设定和转折点的具体要求，同时规定语气和字数范围，确保生成的故事具有创意性、情节紧凑，并符合短篇故事的要求。

总结：通过对提示词的详细设计，可以最大程度地引导模型生成符合预期的内容。例如，在生成新闻报道时，明确内容的结构要求；在生成游戏攻略时，细化每个步骤和策略；在生成创意写作时，设定情节背景和语气，能够帮助模型生成更具针对性和高质量的输出内容。

4.1.2 分步推理与逻辑引导

分步推理与逻辑引导在提示词设计中的应用是非常重要的，尤其是当任务复杂或者需要对结果进行详细推导时。通过有效的分步推理和逻辑引导，能够帮助生成模型更加精准地理解任务，并在推理过程中维持逻辑的一致性，进而产出结构化且符合逻辑的结果。

在设计分步推理的提示词时，通常需要将任务拆解为多个步骤，并逐一引导模型完成每一个子任务。通过逐步推理，确保模型的思考过程是连贯的，且每一步都能提供充足的信息来支持下一步的推导。

1. 示例 1：数学问题求解

假设任务是解答一个数学问题："如果一个人从 A 城市出发，车速为 60 公里每小时，行驶了 3 小时，他将到达多远的地方？"这是一个典型的需要分步推理的任务。为了引导模型正确地解决这个问题，可以将任务拆解成几个子任务：首先计算行驶的总时间，然后根据车速计算行驶的距离，最后给出答案。

低效提示词："求这个人的行驶距离"

高效提示词："请按以下步骤计算并回答问题：

（1）给定车速为 60 公里每小时，行驶时间为 3 小时，首先确认行驶的总时间；

（2）计算出在这个时间内，车速为 60 公里每小时的情况下，车行驶的距离；

（3）给出最终的行驶距离，并解释计算过程。"

这种分步推理的设计帮助模型逐步进行推理，并且确保每一个计算步骤都被清晰地分解，使得答案不仅准确，还具有可解释性。

2. 示例 2：自然语言推理

假设任务是进行一个自然语言推理问题："如果小明在 7 点起床，然后吃早餐，接着开始工作，最后去健身房，按照这个时间顺序，描述一下小明一天的活动。"这里要求模型按照时间顺序描述小明的活动。为了让模型按照正确的逻辑顺序进行推理，提示词应当细化成逐步引导的形式。

低效提示词："描述小明的活动"

高效提示词："请按照时间顺序描述小明的活动，具体步骤如下：

（1）从 7 点起床开始，描述小明起床后的第一件事；

（2）然后描述他吃早餐的时间及方式；

（3）接着描述他开始工作时的情况；

（4）最后，描述他去健身房的情况，并总结一天的活动。”

这个提示词将任务分解为几个具体的时间点和活动，使得模型能够有条理地推理出小明一天的活动顺序，并避免遗漏任何细节。

3. 示例 3：逻辑推理与决策

假设任务是解决一个逻辑推理问题：“假设有三个人，分别是 A、B 和 C。A 说 B 是罪犯，B 说 C 是罪犯，C 说 A 是罪犯。如果只有一个人说的是真的，谁是罪犯？”这是一个典型的逻辑推理问题。为了帮助模型清晰地推理出结论，可以将问题拆解为多个子问题，逐步分析每个条件的逻辑关系。

低效提示词：“谁是罪犯？”

高效提示词：“请按以下步骤解决这个逻辑推理问题：

（1）假设 A 说的是真的，那么 B 是罪犯，验证这个假设是否符合条件；

（2）假设 B 说的是真的，那么 C 是罪犯，验证这个假设是否符合条件；

（3）假设 C 说的是真的，那么 A 是罪犯，验证这个假设是否符合条件；

（4）根据只允许一个人说的是真的，得出最终谁是罪犯的结论，并解释推理过程。”

通过逐步验证每个假设，模型能够在清晰的逻辑引导下得出正确答案。

分步推理与逻辑引导的核心在于通过细致的任务拆解，每一步的推理都能在充分的上下文信息支持下完成。无论是数学计算、自然语言推理，还是逻辑判断，清晰的步骤化提示词设计能够引导模型保持逻辑连贯，从而高效地产生符合预期的输出。这种方法能够有效提升模型的推理能力，避免陷入不必要的歧义或错误推理。

4.1.3 少样本学习与迁移学习

少样本学习（Few-Shot Learning）与迁移学习（Transfer Learning）是当前深度学习领域的两大核心技术，旨在解决传统大规模监督学习模型在数据匮乏场景中的性能瓶颈。

少样本学习的核心目标是在仅有少量标注数据的情况下，训练出高效且具泛化能力的模型。此方法通过优化算法设计，使模型能够在极为有限的训练数据上进行有效学习。其关键技术之一是元学习（Meta-Learning），即让模型从多个任务中学习如何快速适应新任务，从而使得在新任务中能够基于少量样本完成推理任务。

与此相辅相成的迁移学习则是指将已有的学习经验从一个任务迁移到另一个任务，从而减少对大规模标注数据的依赖。在迁移学习中，通常采用预训练-微调的策略：首先在一个大规模数据集上预训练一个深度神经网络模型，使其习得通用的特征表达；接着，将该模型迁移至目标任务，并通过少量标注数据对模型进行微调。迁移学习可以显著提高模型在特定任务上的学习效率，尤其是在标注数据稀缺的领域。典型的迁移学习应用场景包括语音识别、自然语言处理以及图像分类等领域。

少样本学习和迁移学习的结合，使得深度学习模型能够在面对数据稀缺问题时，仍然保持较高的学习能力。两者都依赖于预训练模型的知识迁移和快速适应能力，因此，它们的有效融合为解决现实应用中的数据瓶颈提供了理论支持和技术路径。

4.1.4 提示词优化技巧

提示词优化技巧（Prompt Optimization Techniques）是提升大语言模型生成效果的重要手段之一。随着自然语言处理技术的发展，提示词的设计与优化逐渐成为提高任务执行精度与效率的关键环节。提示词的优化不仅仅是简单的词语调整，更涉及对上下文语境、任务目标及模型行为的精确控制。

优化提示词的核心原则是理解任务的核心需求以及模型对提示词的响应机制。在大多数自然语言生成任务中，模型依赖于提示词中提供的信息来生成回答，因此，提示词的表述需要尽可能简洁而精准，避免冗长或模糊的描述。通过明确地设定目标，例如“简短回答”或“详细解释”，可以引导模型的行为更加符合预期。

提示词的结构化是优化的重要策略之一。通过引导模型分步生成答案而非一次性生成所有信息，可以有效降低生成错误的风险。例如，在复杂推理或生成任务中，分步骤提示词能够逐步引导模型完成每个环节的推理，确保最终结果的准确性与逻辑性。此外，使用开放式问题或设置明确的上下文信息来提供模型所需的背景，有助于避免模型在生成时产生偏差或遗漏。

优化提示词的另一个技巧是采用情境化的提示词设计。通过结合特定情境或领域的知识，针对不同任务调整提示词的内容，可以显著提升模型在特定场景下的表现。例如，对于医学诊断类任务，提示词可以专门设计为包含医学术语和背景信息，以确保生成的内容符合医学领域的标准。同样地，风格化提示词也有助于生成符合特定文本风格的内容，如诗歌创作、新闻摘要等。

针对不同模型进行的提示词调整也非常重要。不同类型的模型对提示词的响应机制和学习策略有所不同，因此对于每个模型都应进行精细化的调整与优化。通过对不同任务进行反复试验与优化，可以逐步形成一套针对特定应用场景的提示词模板。

总的来说，提示词优化不仅仅是技术手段的提升，更是实现任务精准控制和模型行为定向的关键策略。合理的提示词设计和优化不仅能提高模型输出的质量，还能为实际应用提供更多的可能性和灵活性。

4.2 模型微调

本节将深入探讨模型微调的技术原理与实践应用——微调是优化 DeepSeek 大模型性能的有效手段。对预训练模型进行精细调整能够使模型更好地适应特定任务的需求，提升其在特定领域的表现。本节将详细介绍微调的基本流程、常用的技术方法及优化策略，并结合实际案例展示如何在特定场景下进行微调操作。掌握模型微调技巧，不仅能提高模型的任务适应性，还能在多样化的应用中实现更高效、更精准的结果输出。

4.2.1 微调的基本概念与流程

微调（Fine-tuning）是深度学习中的一种技术，通过在已经预训练好的模型上，进一步使用特定领域的数据进行训练，以调整模型的参数，使其在特定任务或应用场景中表现得更为优秀。微调不仅提升了模型在特定任务上的表现，还能够减少从头开始训练所需的大量计算资源和时间。

微调的基本概念首先涉及预训练模型的使用。预训练模型通常是在大规模的通用数据集上进行训练的，能够捕捉到语言中的广泛模式和规律。但这些模型在特定任务上的性能可能不尽如人意，因为它们并没有针对特定应用的任务进行优化。通过微调，可以在预训练模型的基础上进行进一步学习，使其在目标任务中发挥更好的作用。

微调的流程通常分为几个主要步骤：

（1）选择合适的预训练模型：根据具体任务的需求，选择一个与任务相关的预训练模型。例如，对于文本生成任务，可以选择基于 Transformer 架构的 GPT 系列或 BERT 系列模型。选择合适的模型是微调成功的基础。

（2）准备微调数据：微调数据集的选择非常关键。数据集应该能够代表目标任务的特点和要求。例如，若目标任务是文本分类，则需要准备带有标签的文本数据；若任务是文本生成，则需要准备相应的文本生成数据。数据集的质量直接影响微调后模型的性能。

（3）模型结构调整：在进行微调时，可能需要对模型结构进行调整。这种调整包括修改输出层的神经元数量，使其适应特定任务的类别数量；或者调整激活函数和学习率等超参数，优化训练过程。

（4）训练过程：在微调过程中，模型会在预训练模型的基础上进行进一步的训练。训练过程中，模型的参数会根据目标任务的数据进行更新。通常，微调所需的训练时间较短，因为模型已经学习到了通用的语言特征，因此仅需通过少量的任务特定数据来完成调优。

（5）评估与优化：微调完成后，需要通过验证集或测试集对模型进行评估，确保其在特定任务上的表现符合预期。如果模型表现不佳，可能需要重新调整训练策略或进行超参数调优，甚至进行更深层次的模型结构调整。

通过以上步骤，微调技术使得预训练模型能够更加精准地应对特定任务，提升了模型在实际应用中的效果与效率。与从零开始训练一个模型相比，微调不仅大大减少了计算成本，还能够利用大规模通用数据集的学习成果，更好地应用于复杂的特定任务中。

可以说，微调不仅是一种提高模型性能的技术，也是一种高效利用已有知识、加速模型应用的策略。对预训练模型进行微调可以使各类自然语言处理任务获得显著的性能提升。

4.2.2 使用 DeepSeek API 进行微调

使用 DeepSeek API 进行微调是一种在特定领域任务上优化模型性能的有效方法，通过在预训练模型基础上进行额外的训练，从而提升其在特定应用场景中的表现。DeepSeek API 提供了便捷的接口来实现这一过程，通过调用相关接口，开发者能够轻松地实现微调操作，避免了烦琐的手动训练过程。

以下是使用 DeepSeek API 进行微调的详细步骤及代码实现。

首先，需要准备好任务相关的训练数据。微调数据集通常是与目标任务相关的标注数据，比如情感分析、文本分类或命名实体识别等任务。DeepSeek API 支持通过标准 JSON 格式的数据进行微调，数据集一般包含输入文本和对应的标签。具体代码如下所示。

```
[
  {
    "prompt": "这部电影很有趣",
    "completion": "正面评价"
  },
  {
    "prompt": "这部电影很无聊",
    "completion": "负面评价"
  }
]
```

在使用 DeepSeek 进行微调之前，必须先获取 API 密钥，以便通过 API 进行认证。通过 DeepSeek 控制台获取 API 密钥，并将其保存在代码中，确保 API 请求的合法性。具体代码如下所示。

```
import openai

# 配置 DeepSeek API 密钥
openai.api_key="your_deepseek_api_key"
```

DeepSeek API 提供了一个接口来上传数据并进行微调。通常，开发者需要将训练数据集上传至 DeepSeek 服务器，并使用 fine-tune 接口启动微调过程。上传数据的过程通常会将数据存储在 DeepSeek 的云端。具体代码如下所示。

```
import openai

# 上传训练数据文件
openai.File.create(
    file=open("training_data.json"),                    # 训练数据文件
    purpose='fine-tune'
)
```

数据文件上传成功后，便可以使用上传的训练数据创建微调任务。开发者通过调用 DeepSeek 的 Fine-Tune.create 接口来启动微调过程，API 会根据上传的数据在预训练模型基础上进行优化。具体代码如下所示。

```
response=openai.FineTune.create(
    training_file="file-xxxxxxxxxxxx",              # 训练数据文件 ID
    model="base-model-id",                          # 选择基础模型进行微调
    n_epochs=4,                                     # 设置训练轮次
    batch_size=16,                                  # 批处理大小
    learning_rate_multiplier=0.1,                   # 学习率倍数
)

print("Fine-tune job started:", response["id"])
```

微调任务启动后，可以使用 Fine-Tune.retrieve 接口来查看微调任务的进度和状态。DeepSeek API 提供了任务 ID，可以随时查询当前微调的状态，是否已经完成，是否有异常发生等。具体代码如下所示。

```
status=openai.FineTune.retrieve(id="fine-tune-id")
print("Fine-tune status:", status["status"])
```

微调任务完成后，开发者就可以通过新的微调模型来执行实际的任务。可以直接调用 openai.Completion.create 来使用微调后的模型进行推理，生成相应的结果。具体代码如下所示。

```
response=openai.Completion.create(
    model="fine-tuned-model-id",  # 微调后的模型 ID
    prompt="这部电影真是太棒了",
    max_tokens=50
)

print(response['choices'][0]['text'])
```

在上述代码中，fine-tuned-model-id 是微调完成后生成的模型 ID。通过使用这个 ID，开发者可以在实际应用中使用该微调模型进行文本生成、分类等任务。根据使用

结果的反馈，开发者可能需要对微调的超参数进行调整，重新启动微调任务。调整超参数的过程包括学习率、训练轮次、批处理大小等，以便进一步优化模型性能。

下面是一个完整的 HTML 前端和后端代码实现（后端使用 Python 和 Flask 作为示范），提供用户上传训练数据文件、输入训练参数、显示微调进度，以及通过微调模型进行推理的功能。

```
<!DOCTYPE html>
<html lang="zh">
<head>
    <meta charset="UTF-8">
    <meta name="viewport" content="width=device-width, initial-scale=1.0">
    <title>DeepSeek API 微调</title>
    <style>
        body {
            font-family: Arial, sans-serif;
            background-color: #1E2A47;
            color: white;
            margin: 0;
            padding: 20px;
        }
        .container {
            max-width: 800px;
            margin: 0 auto;
            background-color: #2C3E50;
            padding: 20px;
            border-radius: 10px;
        }
        h1 {
            text-align: center;
            color: #3498DB;
        }
        input[type="file"], input[type="text"], input[type="number"], select {
            width: 100%;
            padding: 10px;
            margin: 10px 0;
            background-color: #34495E;
            color: white;
            border: 1px solid #34495E;
            border-radius: 5px;
        }
        button {
```

```
            background-color: #2980B9;
            padding: 15px;
            color: white;
            border: none;
            border-radius: 5px;
            cursor: pointer;
        }
        button:hover {
            background-color: #3498DB;
        }
        .status {
            margin-top: 20px;
            padding: 15px;
            background-color: #34495E;
            border-radius: 5px;
        }
    </style>
</head>
<body>
    <div class="container">
        <h1>DeepSeek API 微调工具</h1>
        <form id="fineTuneForm" enctype="multipart/form-data">
            <label for="file">上传训练数据(JSON 格式)</label>
            <input type="file" id="file" name="file" accept=".json" required>

            <label for="model">选择基础模型</label>
            <select id="model" name="model">
                <option value="gpt-3.5-turbo">GPT-3.5 Turbo</option>
                <option value="gpt-4">GPT-4</option>
            </select>

            <label for="epochs">设置训练轮次 (Epochs)</label>
            <input type="number" id="epochs" name="epochs" value="4" min="1"
max="10" required>

            <label for="batch_size">批处理大小 (Batch Size)</label>
            <input type="number" id="batch_size" name="batch_size" value="16"
min="1" max="64" required>

            <button type="submit">开始微调</button>
        </form>
```

```
        <div id="statusContainer" class="status" style="display:none;">
            <h3>微调状态</h3>
            <div id="statusText">等待任务启动...</div>
        </div>

        <div id="resultContainer" class="status" style="display:none;">
            <h3>模型输出</h3>
            <div id="resultText">等待生成...</div>
        </div>
    </div>

    <script>
        document.getElementById('fineTuneForm').addEventListener('submit',
async function (e) {
            e.preventDefault();

            const formData=new FormData();
    formData.append('file', document.getElementById('file').files[0]);
    formData.append('model', document.getElementById('model').value);
    formData.append('epochs', document.getElementById('epochs').value);
    formData.append('batch_size', document.getElementById('batch_size').value);

            //显示微调状态
            document.getElementById('statusContainer').style.display='block';
            document.getElementById('statusText').innerText='微调任务正在启动...';

            const response=await fetch('/start_fine_tune', {
                method: 'POST',
                body:formData
            });

            const result=await response.json();
            if (result.success) {
                document.getElementById('statusText').innerText='微调进行中...';
                await monitorStatus(result.job_id);
            } else {
                document.getElementById('statusText').innerText='微调任务启动失败';
            }
        });

        async function monitorStatus(job_id) {
            let status='';
```

```
            while (status !== 'completed' && status !== 'failed') {
                const response=await fetch('/check_fine_tune_status/ ${job_id}');
                const data=await response.json();
                status=data.status;
                document.getElementById('statusText').innerText='当前状态: ${status}';
                if (status === 'completed') {
                    document.getElementById('resultContainer').style.display=
'block';
                    document.getElementById('resultText').innerText='微调完成,模型
已准备好';
                }
                await new Promise(resolve =>setTimeout(resolve, 5000));
            }
        }
    </script>
</body>
</html>
```

代码解析如下。

（1）前端部分：页面包括上传训练数据、选择基础模型、设置训练轮次和批处理大小等功能，如图 4-1 所示。提交表单后，前端会发送 POST 请求到后端 API，启动微调任务。微调任务的状态会实时更新显示，直到任务完成。

图 4-1　DeepSeek API 微调工具

（2）后端部分：使用 Flask 处理前端请求。文件上传后，会调用 DeepSeek API 的 File. create 接口上传文件，并创建微调任务。后端会监控任务状态，并将结果返回给

前端显示。

启动 Flask 后端：

```
python app.py
```

打开浏览器访问 HTML 前端页面：

```
http://localhost:5000
```

上传训练数据，选择模型和训练参数，开始微调。系统会显示微调状态，待任务完成后展示微调结果。

通过 DeepSeek API，微调变得更加简单和高效。开发者只需准备好合适的训练数据，通过简洁的 API 接口即可实现微调，提升预训练模型在特定任务中的表现。利用这些技术，开发者能够在特定领域中构建出更加精准和高效的 AI 应用。

4.2.3 微调的实际应用案例

微调（Fine-tuning）技术在许多实际应用场景中得到了广泛的应用，尤其是在自然语言处理（NLP）、生成式人工智能等领域。通过对预训练模型进行微调，可以显著提升模型在特定任务上的表现，尤其是在数据量有限的情况下。以下是几个实际的应用案例，展示了如何利用微调技术优化 DeepSeek API 模型，以解决特定的业务需求。

1. 客户服务聊天机器人

在客户服务领域，聊天机器人已经成为提升服务质量和效率的重要工具。传统的聊天机器人往往依赖于规则系统或简单的意图识别，然而，这些系统无法有效应对复杂、多变的客户提问。通过微调 DeepSeek API 的预训练语言模型，可以针对特定的行业知识、常见问题和语境进行定制化训练。

微调后的模型能够理解和回应客户的复杂问题，生成流畅且符合业务要求的答案。例如，在电商行业，微调模型可以学习电商产品的具体描述、促销信息以及退换货政策，从而提供更加精准的服务。

2. 法律文书自动化生成

在法律行业，文书的撰写和审查通常需要耗费大量时间和精力。通过对 DeepSeek API 的微调，可以帮助自动化生成合同、诉讼文件、法律意见书等文书内容。通过微调过程，模型能够学习特定法律领域的语言表达、术语使用和条款结构。

具体而言，模型通过输入简单的提示（例如案件信息、合同要求等），即可生成符合规范和要求的法律文书。微调后的模型不仅能够节省律师和法务人员的时间，还能够提升文书生成的准确性和一致性。

3. 医疗诊断辅助系统

在医疗领域，尤其是临床诊断过程中，医生通常面临大量的病历和医疗文献资料。通过微调 DeepSeek API 模型，可以构建智能化的医疗诊断辅助系统。这类系统能够基于患者的症状、检查结果和既往病史生成诊断建议，甚至在一些特定疾病的预防、药物推荐等方面提供有价值的参考。

在实际应用中，医疗数据通常涉及复杂的专业术语和行业标准，因此，通过微调模型使其理解医学领域的专业语言和情境，有助于提升模型的准确性和实用性。

4. 内容推荐系统

内容推荐系统广泛应用于社交平台、视频平台、电商网站等，以提升用户体验和增加平台粘性。通过微调 DeepSeek 模型，可以根据用户的行为数据和偏好，精准推荐个性化内容。

通过训练数据的积累和分析，模型可以逐渐学习用户的兴趣和浏览历史，以及点赞和评论等行为，从而生成更加个性化的推荐结果。例如，在新闻平台，微调模型能够根据用户的阅读历史，提供相关性更高的新闻内容，或者根据用户的评论进行热点话题预测。

前端页面提供用户输入的接口，并展示推荐的内容。用户可以根据兴趣选择推荐的类别，例如新闻、电影、音乐等。后端部分将处理用户输入的数据，结合 DeepSeek API 对模型进行调用，返回推荐结果并展示给用户。

（1）HTML 前端代码如下所示。

```
<! DOCTYPE html>
<html lang="zh-CN">
<head>
    <meta charset="UTF-8">
    <meta name="viewport" content="width=device-width, initial-scale=1.0">
    <title>个性化内容推荐系统</title>
    <style>
        body {
            font-family: Arial, sans-serif;
            background-color: #FAD0C9;
            margin: 0;
            padding: 0;
            color: #333;
        }
        .container {
            width: 60%;
            margin: 50px auto;
            padding: 30px;
```

```
            background-color: #FFEBEB;
            box-shadow: 0 4px 12px rgba(0, 0, 0, 0.1);
            border-radius: 8px;
        }
        h1 {
            text-align: center;
            color: #D35D6E;
        }
        label {
            font-size: 16px;
            color: #555;
        }
        select, input[type="text"] {
            width: 100%;
            padding: 12px;
            margin-top: 10px;
            margin-bottom: 20px;
            border-radius: 5px;
            border: 1px solid #ccc;
            font-size: 16px;
        }
        button {
            padding: 12px 20px;
            background-color: #D35D6E;
            color: white;
            border: none;
            border-radius: 5px;
            font-size: 16px;
            cursor: pointer;
        }
        button:hover {
            background-color: #A63451;
        }
        .recommendations {
            margin-top: 20px;
            padding: 15px;
            background-color: #FFF1F1;
            border-radius: 5px;
            border: 1px solid #F1A7B5;
        }
    </style>
</head>
```

```
<body>

<div class="container">
    <h1>个性化内容推荐系统</h1>

    <label for="category">选择推荐类别:</label>
    <select id="category">
        <option value="news">新闻</option>
        <option value="movies">电影</option>
        <option value="music">音乐</option>
        <option value="articles">文章</option>
    </select>

    <label for="user-input">请输入您的兴趣或关键词:</label>
    <input type="text" id="user-input" placeholder="例如:科技、电影、健康等">

    <button id="get-recommendations">获取推荐内容</button>

    <div id="recommendations" class="recommendations" style="display:none;">
        <h3>推荐内容:</h3>
        <ul id="recommendation-list"></ul>
    </div>
</div>

<script>
    document.getElementById('get-recommendations').addEventListener('click',
function () {
        var category=document.getElementById('category').value;
        var userInput=document.getElementById('user-input').value.trim();

        if (!userInput) {
            alert('请输入您的兴趣或关键词');
            return;
        }

        fetch('/get-recommendations', {
            method: 'POST',
            headers: {
                'Content-Type': 'application/json'
            },
            body: JSON.stringify({ category: category, userInput: userInput })
        })
```

```
        .then(response => response.json())
        .then(data => {
            if (data.recommendations) {
                document.getElementById('recommendations').style.display='block';
                var list=document.getElementById('recommendation-list');
                list.innerHTML=''; // 清空现有的推荐列表

                data.recommendations.forEach(function (item) {
                    var li=document.createElement('li');
                    li.textContent=item;
                    list.appendChild(li);
                });
            } else {
                alert('没有找到相关内容');
            }
        })
        .catch(error => {
            alert('错误:' + error);
        });
    });
</script>

</body>
</html>
```

（2）后端代码（Python + Flask）如下所示。

```
from flask import Flask, request,jsonify
import openai

app=Flask(__name__)

# 配置 DeepSeek API 密钥
openai.api_key="your_deepseek_api_key"

@app.route('/get-recommendations', methods=['POST'])
def get_recommendations():
    data=request.get_json()
    category=data.get('category')
    user_input=data.get('userInput')

    # 根据用户的输入和选择的推荐类别创建提示词
```

```
    prompt = f"根据用户的兴趣 '{user_input}' 和推荐类别 '{category}',请推荐一些相关的内容:"

    try:
        # 调用 DeepSeek API 进行推荐
        response = openai.Completion.create(
            model = "text-davinci-003",
            prompt = prompt,
            max_tokens = 150,
            temperature = 0.7,
            n = 5  # 获取 5 个推荐内容
        )

        recommendations = [choice['text'].strip() for choice in response['choices']]
        return jsonify({'recommendations': recommendations})

    except Exception as e:
        return jsonify({'recommendations': [], 'error': str(e)})

if __name__ == '__main__':
    app.run(debug = True)
```

代码解析如下。

（1）前端部分：选择推荐类别——用户可以选择不同的推荐类别（如新闻、电影、音乐、文章等）。输入兴趣或关键词——用户可以输入自己的兴趣或关键词，系统将根据这些信息提供个性化推荐。获取推荐内容——单击“获取推荐内容”按钮后，前端会通过 AJAX 请求向后端发送数据（类别和关键词），并展示返回的推荐内容。

（2）后端部分：使用 Flask 作为后端框架，处理前端发来的请求。接收到类别和用户输入的兴趣后，后端会构建适当的提示词，调用 DeepSeek API 进行推荐。返回的推荐内容会被处理成一个列表并返回给前端，前端显示推荐内容。

（3）DeepSeek API：使用 openai. Completion. create 方法调用 DeepSeek API，生成与用户兴趣相关的推荐内容。temperature 参数控制生成内容的创意度，max_tokens 限制返回文本的最大字数，n 指定返回的推荐项数。

启动后端 Flask 应用：

```
python app.py
```

打开浏览器访问前端页面：

```
http://localhost:5000
```

输入感兴趣的内容并选择推荐类别，单击“获取推荐内容”按钮，页面将显示从 DeepSeek 生成的个性化推荐。通过这种方式，开发者可以实现一个完整的基于 DeepSeek API 的个性化内容推荐系统，如图 4-2 所示，以提升用户体验并提供精准的推荐结果。

图 4-2　基于 DeepSeek 的个性化推荐系统

5. 情感分析与舆情监控

情感分析是自然语言处理中的一项重要任务，广泛应用于社交媒体、品牌监控和市场分析等领域。微调 DeepSeek API 可以提升情感分析的准确性和细致度，尤其是在特定领域（如金融、娱乐、产品评论等）中。

在舆情监控应用中，微调后的模型能够分析大量社交媒体和新闻文章中的情感趋势，帮助企业及时发现潜在的品牌危机、负面舆论以及市场情绪波动。例如，针对某个新产品的舆论反应，模型可以识别并分类评论为积极、中性或负面，从而帮助企业做出及时的回应。

6. 自动化摘要与报告生成

在教育、新闻、研究等领域，信息过载是一个长期存在的问题。大量的文献、报告、会议纪要等信息需要通过人工阅读和总结。通过微调 DeepSeek API 模型，可以自动生成文档的摘要。

微调模型能够根据不同类型的输入文档自动生成简洁、准确的摘要，显著提高信息处理效率。例如，研究人员可以使用微调后的模型来自动生成科研论文的摘要，节省时间并提升工作效率。

7. 机器翻译与跨语言应用

机器翻译技术在跨语言交流中有着广泛应用，尤其在多语言电商、国际化产品等场景中尤为重要。微调 DeepSeek 模型可以提升其在特定领域或语言对的翻译能力。

尤其是在一些小语种或领域特定的术语上，微调技术可以帮助模型学习特定语言的句法和语义，从而提供更加精确的翻译。例如，微调后的模型可以处理特定领域（如法律、医学、技术等）的文本翻译，并能够针对专业术语进行优化。

8. 微调技术的优势与挑战

微调技术的核心优势在于它能够在有限的领域数据上使预训练模型，避免了从零开始训练的复杂性和资源消耗。特别是在数据稀缺的领域，微调技术能显著提高模型的准确性和应用效果。然而，微调技术也面临一些挑战，例如如何选择合适的微调数据、如何避免过拟合、如何平衡模型的泛化能力与任务特定性能等。

总之，微调作为一个重要的模型优化手段，在多个行业和应用场景中展示了巨大的潜力。通过 DeepSeek API 的微调功能，开发者可以根据具体业务需求，快速实现高效、定制化的人工智能应用。

4.2.4 生成与微调合成数据

生成与微调合成数据是深度学习应用中的重要技术，尤其在有限数据或数据隐私敏感的场景下，能够有效地提升模型的泛化能力和适应性。通过生成合成数据，可以扩展训练集，帮助模型学到更多的潜在模式，从而提升模型的表现。在利用 DeepSeek API 进行微调时，生成的合成数据既可以用来模拟多种场景，也可以增强模型在特定任务上的能力。

1. 生成与微调合成数据的基本原理

生成合成数据的核心思想是使用现有模型生成大量模拟数据，填补实际数据的空缺或偏差。合成数据的生成可以借助生成对抗网络（GANs）、变分自编码器（VAE）或其他生成模型进行。在 DeepSeek API 的框架下，合成数据通常通过自然语言生成模型来实现，尤其是通过输入不同类型的提示词（prompt）来模拟多种场景和任务。

（1）合成数据生成：首先，利用现有的模型，通过提示词生成大量具有代表性的文本数据。这些数据通常是通过对已有数据集的扩展生成的，目的是增强特定领域下的数据多样性。

（2）微调数据：生成的数据将用来微调原始模型。微调是指在预训练模型的基础上，通过新的任务或领域数据对模型进行再训练，以便模型能够更好地适应新场景或任务。

（3）数据多样性与质量控制：生成的合成数据需要保证多样性和质量，避免生成的数据过于单一或噪声过多。微调过程中，合成数据的质量对于模型的最终效果至关重要。

（4）微调的目标：经过合成数据微调后的模型，可以在特定领域或任务中提供更高的准确性和更好的用户体验。尤其在训练数据稀缺的情况下，合成数据的使用能够有效提升模型的鲁棒性。

2. 使用 DeepSeek API 生成与微调合成数据的步骤

（1）数据生成：设计合适的提示词，使用 DeepSeek API 生成大量文本数据。该数据能够模拟用户可能输入的多种情况，以增强数据集的多样性。例如，生成关于特定主题（如新闻摘要、电影评论、用户反馈等）的内容。

（2）数据筛选与清洗：生成的数据需要进行筛选与清洗，去除无关信息或质量较差的内容。可以通过人工审核、规则或模型自动化筛选来保证数据的质量。

（3）微调模型：使用合成数据对模型进行微调。微调过程通常涉及调整模型的权重参数，以便更好地适应特定的任务。DeepSeek API 支持在现有的预训练模型基础上进行微调，只需要提供合成数据及相应的标注。

（4）评估与验证：微调后的模型需要进行评估，确保生成的数据能够有效提升模型性能。常用的评估方法包括准确率、召回率、F1 分数等指标。此外，还可以通过 A/B 测试或其他用户反馈机制来验证模型的实际效果。

3. 合成数据与微调应用的示例

假设需要为一个新闻推荐系统进行微调，但实际的新闻数据非常有限。在这种情况下，可以使用 DeepSeek API 生成不同主题的新闻文章，并将这些合成数据用作训练集。通过这些合成数据，模型可以更好地理解新闻的结构、风格和用户偏好，从而提高推荐的准确性。

在此基础上，合成数据的微调可以进一步增强模型对特定主题（如政治、科技、体育等）的敏感度，并且在推荐系统中提供更精准的个性化推荐。通过这种方式，合成数据和微调能够帮助开发者在缺乏大量真实数据的情况下，仍然能够构建出性能优异的推荐系统或其他深度学习应用。

4. 技术挑战与解决方案

合成数据的多样性与代表性：生成的合成数据需要覆盖尽可能多的实际应用场景，否则模型可能过拟合于某一类型的输入。通过调节生成模型的温度和采样策略，可以增加数据的多样性。

（1）数据质量控制：合成数据往往会包含噪声或不准确的信息，这需要通过严格的数据清洗流程来确保最终训练集的质量。

（2）微调后模型的稳定性：微调过程中需要保证模型不会偏离原有的任务特征，因此要在微调时选择适当的学习率和训练周期，以免模型出现过拟合或性能下降。

生成与微调合成数据在深度学习中的应用为处理数据稀缺问题提供了有效的解决方案。通过利用 DeepSeek API 生成高质量的合成数据，结合微调技术，可以显著提升模型在特定任务上的表现，尤其是在数据难以获取的场景下。尽管这一过程中存在一定的挑战，但通过合适的技术手段和方法，生成与微调合成数据的应用将极大推动智能应用的发展和优化。

4.2.5 微调的成本与资源管理

微调模型的过程涉及大量计算资源的消耗，尤其是在处理大规模数据集和复杂任务时，如何合理管理和控制微调的成本与资源成为关键问题。微调通常基于已预训练的模型，通过对特定数据进行再训练，旨在提升模型对特定任务的适应性。此过程中，计算资源的需求通常体现在模型参数的更新、训练数据的加载与处理、以及模型评估与优化的多个环节。

首先，微调的计算成本直接受到所选择的基础模型规模的影响。大型预训练模型，尤其是具有数十亿参数的深度神经网络，其微调过程往往需要大量的计算资源与时间。此外，微调时涉及的训练数据量、数据预处理和增广策略也是成本控制的关键因素。在大数据环境下，对数据的存储、加载及处理能力的高要求，可能导致显著的I/O开销，进一步加剧成本压力。

其次，模型微调过程中的超参数调优也是资源消耗的一个重要因素。不同的学习率、批处理大小、训练周期数等都会影响模型训练的效率与效果。为了保证模型微调的有效性，需要在保证模型精度的前提下，合理选择超参数，并且避免过度训练导致资源浪费或过拟合。此外，微调过程中不同任务或数据集的适应性要求可能导致频繁的模型切换，进一步增加了计算资源的消耗。

在资源管理方面，优化硬件资源的使用至关重要。采用高效的并行计算、使用分布式计算平台、以及采用高效的硬件加速设备（如 GPU 或 TPU）是降低成本的有效途径。同时，云计算平台提供的弹性计算能力使得模型微调能够按需调整计算资源，避免资源闲置或过载。此外，优化训练过程中对内存和存储使用的合理配置，减少重复计算、优化数据加载过程等，都是降低微调成本的可行策略。

最后，微调的成本与资源管理还需要在时间成本上进行考虑。通过合适的模型压缩技术或知识蒸馏等方法，在保证模型精度的前提下减少计算负担，也能在一定程度上降低微调过程中的时间成本。合理的调度与管理，能够有效提升计算资源的利用效率，确保微调过程高效、可控，并在成本和性能之间达到最佳平衡。

总的来说，微调的成本与资源管理涉及多方面的技术与策略，需要通过精确的资源调度、计算优化、硬件利用、以及合适的模型调整策略来降低计算消耗，确保高效、高质量的微调过程。

4.3 本章小结

本章深入探讨了 DeepSeek 应用开发中的高级技巧，重点聚焦于提示工程与模型微调的优化方法。通过介绍提示词的设计、分步推理和少样本学习等技术，阐明了如何在复杂任务中提升模型响应的准确性与效率。此外，本章还详细讨论了微调的基本概念、实施流程以及如何通过 DeepSeek API 进行微调操作，帮助开发者根据具体需求定制和优化模型性能。通过对生成与微调合成数据、微调的成本与资源管理的深入分析，明确了在模型开发过程中如何高效地利用计算资源。

整体而言，本章为开发者提供了一系列实用的高级技术与策略，能够有效提升模型性能、降低开发成本，并优化开发过程中的各项资源使用。

05 第5章　DeepSeek插件开发与集成

DeepSeek 插件开发与集成提供灵活的插件 API 和开发机制，使开发者能够扩展系统功能、定制服务，并与外部工具无缝集成，以满足多样化的业务需求。本章重点介绍构建高效语言模型应用开发框架的关键技术，包括动态提示词与任务编排、智能体与工具集成、记忆机制与上下文管理、嵌入与向量数据库等。这些技术相互配合，增强了模型在多任务处理、外部数据集成、个性化服务和高效数据查询等方面的能力。同时，本章还深入探讨了 DeepSeek 插件开发机制，帮助开发者通过插件 API 扩展平台功能，打造定制化的智能应用。

5.1 构建语言模型的应用开发框架

在构建先进的语言模型应用时，如何提升其响应能力和适应性成为关键。随着技术的不断发展，单一的模型推理往往难以应对复杂多变的任务需求，因此，集成多种智能机制已成为提升系统效能的重要手段。本节将探讨构建语言模型的应用开发框架中的几个核心要素，涵盖动态提示词与任务编排、智能体与工具集成、记忆机制与上下文管理，以及嵌入与向量数据库等技术。

5.1.1 动态提示词与任务编排

动态提示词与任务编排作为自然语言处理系统中高度智能化的组成部分，旨在通过不断优化输入数据和任务流的执行方式，增强系统对多样化任务的适应能力与响应精度。动态提示词根据上下文语境的变化进行实时调整，从而精确地引导模型产生与特定任务高度匹配的输出，这种方法基于对输入信息的精细理解与处理，能够大幅度提高模型的交互性与效能。

在任务编排方面，通过对多步骤任务流的合理规划与调度，系统能够实现复杂任务的高效执行。任务编排不仅仅是对多个操作的串联，更重要的是对每个操作的执行顺序、条件判断和数据传递进行细致安排，以确保在满足业务需求的同时，最大限度地提高任务执行的效率与可靠性。借助于动态提示词和任务编排的协同作用，能够实现复杂的决策支持系统，自动化处理多个异构任务，并在不同场景下做出精确、快速的响应。

这一机制通常结合了上下文感知能力和模型自适应能力，能够根据输入的内容灵活地调整推理路径和输出结构。在实际应用中，这不仅提升了模型在处理实时任务时的精度，还优化了系统在处理大规模数据时的效率。

5.1.2 智能体与工具集成

智能体与工具集成是人工智能应用中的核心概念之一。智能体是指能够感知环境并根据一定目标进行决策和执行的系统，通常具备一定的学习、推理和执行能力。通过与各种外部工具和服务的集成，智能体能够实现更加复杂的任务处理，从而提高其在不同情境中的灵活性和适应性。

在语言模型应用中，智能体通过调用外部工具来拓展其功能范围。例如，在一个智能问答系统中，模型本身的推理能力可能不足以回答涉及外部数据的问题，这时它可以通过与数据库查询工具、API 服务等外部工具的集成来获取答案。

本节将介绍如何将智能体与外部工具进行集成，利用 DeepSeek API 来调用外部服务并执行复杂任务。通过工具集成，智能体能够在不同场景下实现自动化任务处理，如查询天气、执行计算任务或访问外部数据源。

假设有一个智能体，它负责处理用户的问询任务，其中包括查询天气。智能体将与一个天气 API 集成，接收用户提出的地点信息，并通过 API 查询该地点的当前天气信息。以下是该智能体与天气查询工具集成的代码示例。

```
import openai
import requests

# 配置 DeepSeek API 密钥
openai.api_key="your_deepseek_api_key"

# 定义一个天气查询函数
def get_weather(location):
api_key="your_weather_api_key"                # 请替换为有效的天气 API 密钥
    base_url="http://api.weatherapi.com/v1/current.json"
    url=f"{base_url}? key={api_key}&q={location}"

    response=requests.get(url)
    if response.status_code == 200:
        data=response.json()
        return f"The current temperature in {location} is {data['current']['temp_
c']}°C, and the weather is {data['current']['condition']['text']}."
    else:
```

```
            return "Sorry, I couldn't retrieve the weather information at the moment."

    # 定义智能体的行为
    def intelligent_agent(query):
        # 如果查询包含天气信息请求,调用天气查询工具
        if "weather" in query.lower():
            location = query.split(' in ')[-1].strip()  # 假设用户输入为"What's the weather in [location]?"
            weather_info=get_weather(location)
            return weather_info
        else:
            # 处理其他类型的查询,假设使用 DeepSeek 进行语言模型推理
            response=openai.Completion.create(
                model="text-davinci-003",
                prompt=query,
                max_tokens=50,
                temperature=0.7
            )
            return response.choices[0].text.strip()

    # 用户输入
    user_query="What's the weather in London?"

    # 调用智能体
    result=intelligent_agent(user_query)
    print(result)
```

代码解析如下。

（1）天气查询函数（get_weather）：该函数接收一个地点名称作为输入，通过调用天气 API（例如 WeatherAPI）获取该地点的当前天气信息。如果 API 返回“成功”的响应，函数将提取并格式化天气信息（如温度和天气条件）并返回给调用者。如果 API 请求失败，将返回错误消息。

（2）智能体函数（intelligent_agent）：该函数根据用户的查询判断是否包含天气相关的请求。如果查询包含“weather”一词，智能体会调用 get_weather 函数查询天气信息。如果查询不包含天气信息，智能体将默认通过 DeepSeek 的 API 生成回答。例如，用户可能问一个更广泛的问题，智能体将通过 DeepSeek 模型进行推理和生成回答。

（3）集成外部工具：通过集成外部工具（如天气查询 API），智能体能够将模型的推理能力与实际的数据访问能力相结合，从而为用户提供更精准的答案。

假设用户输入的是“What's the weather in London?”，代码会发送请求到天气 API

并返回天气信息。假设API的返回数据如下：

```
{
  "current": {
    "temp_c": 18,
    "condition": {
      "text": "Partly cloudy"
    }
  }
}
```

那么输出将是：

```
The current temperature in London is 18°C, and the weather is Partly cloudy.
```

如果用户输入的是其他类型的查询（如“Who is the population of Japan?”），智能体将使用DeepSeek API生成相关的回答，例如：

```
The population of Japan is approximately 125 million people.
```

通过将智能体与外部工具（如天气查询API）进行集成，能够显著扩展智能体的功能，使其能够处理更加复杂和多样的任务。在这个应用场景中，智能体不仅依赖于DeepSeek的自然语言处理能力，还通过外部API增强了其对实时数据的访问能力。这种集成使得智能体能够在多个场景下提供丰富的信息与服务，从而提升了系统的智能化水平和用户体验。

5.1.3 记忆机制与上下文管理

在教育辅助领域，记忆机制与上下文管理能够显著提升个性化学习体验。通过DeepSeek的上下文管理能力，模型能够记住学生之前的学习进度、提问内容、以及他们在特定问题上的困惑，从而为学生提供更具针对性的帮助。

假设一个学生正在学习数学题目，并且在解答过程中遇到困难。通过记忆机制，DeepSeek模型可以记住学生的历史交互信息，理解学生在哪个具体概念上遇到了难题，进而通过更为精准的提示和解释帮助学生理解问题。

```
用户：我在做这道数学题时遇到问题，“解方程 3x + 5=20”。可以帮我解答一下吗？
DeepSeek模型：好的，首先我们需要解这个方程。我们可以通过以下步骤来解决：
从方程式 3x + 5=20 中，我们首先减去5，得到 3x=15。
然后，把两边都除以3，得到 x=5。
所以，x=5 是这个方程的解。

用户：哦，原来是这样。那我再试一道题，“解方程 4x-7=9”，请问怎么做？
DeepSeek模型：好的，让我来帮助你。
```

```
从方程 4x-7=9 开始，我们首先加上 7，得到 4x=16。
接着，把两边都除以 4，得到 x=4。
所以，x=4 是这个方程的解。

用户：好的，我明白了！不过我有点困惑，为什么我们在第一个方程里是减去 5，而在第二个方程里是加上 7 呢？
DeepSeek 模型：这是一个很好的问题！实际上，这是因为方程的两边需要保持平衡。如果方程一边有加法（如 3x+5），我们就通过减去 5 来消去常数项；如果方程一边有减法（如 4x-7），我们就需要加上 7 来消去常数项。无论加法还是减法，目的都是使得未知数 x 单独出现在方程的一边。

用户：明白了！谢谢！那我继续做题……
```

（1）上下文管理：在上面的对话中，DeepSeek 模型能够记住学生提问的内容，并在每次互动时进行上下文跟踪。例如，当学生询问关于“解方程 3x + 5 = 20”的问题时，模型不仅帮助学生理解解题步骤，还为后续的提问提供了持续的上下文。

（2）记忆机制：通过上下文管理，DeepSeek 模型能够记住学生的学习过程和所提问题。这意味着在多轮对话中，模型能够根据先前的对话内容调整回答。例如，学生问到类似问题时，模型可以在前一次问题的基础上进行更深入的讲解。

（3）个性化教育辅助：DeepSeek 模型的记忆机制使其能够对每个学生提供个性化的解答，根据学生的提问历史和理解情况进行更加有针对性的辅导。这种个性化学习的方式可以帮助学生更好地理解并掌握复杂的知识点。

通过这种方式，DeepSeek 模型不仅提供了数学解题的帮助，还通过记忆机制与上下文管理，使得学习过程更加高效和个性化，符合学生的学习进度和需求。

5.1.4 嵌入与向量数据库

嵌入（Embedding）是将文本、图像等非结构化数据映射到低维向量空间的技术。通过嵌入技术，可以将复杂的、高维度的数据转化为稠密的、可操作的向量表示，使得计算机能够高效地进行相似度计算、搜索以及其他基于向量空间的操作。向量数据库则是存储和检索这些向量的数据库系统，通常支持高效的相似度搜索。

在基于 DeepSeek 的应用中，将嵌入与向量数据库结合使用，可以实现对文本或其他数据类型的高效搜索。比如，将文本嵌入后可以存储在向量数据库中，系统通过计算输入文本与数据库中嵌入向量的相似度，快速检索相关信息。常见的相似度计算方法包括余弦相似度、欧几里得距离等。

接下来将结合代码讲解如何通过 DeepSeek API 进行文本嵌入，并使用向量数据库进行存储和查询。假设应用场景是基于文本的相似度搜索，用户提交一个问题，系统根据数据库中嵌入的知识库数据找到最相似的答案。

（1）前端 HTML 页面：示例中，用户通过前端页面提交一个问题，系统会基于预先嵌入的知识库中的文本数据进行搜索，找到最相关的答案。代码如下所示。

```
<!DOCTYPE html>
<html lang="zh">
<head>
    <meta charset="UTF-8">
    <meta name="viewport" content="width=device-width, initial-scale=1.0">
    <title>向量数据库示例</title>
    <style>
        body {
            background-color: #f0f8ff;
            font-family: Arial, sans-serif;
            margin: 0;
            padding: 20px;
        }
        .container {
            max-width: 600px;
            margin: auto;
            background-color: #fff;
            padding: 20px;
            border-radius: 10px;
            box-shadow: 0 4px 8px rgba(0, 0, 0, 0.1);
        }
        input[type="text"] {
            width: 100%;
            padding: 10px;
            margin: 10px 0;
            border: 1px solid #ddd;
            border-radius: 5px;
        }
        button {
            width: 100%;
            padding: 10px;
            background-color: #007bff;
            color: white;
            border: none;
            border-radius: 5px;
            cursor: pointer;
        }
        button:hover {
            background-color: #0056b3;
        }
```

```
        .result {
            margin-top: 20px;
            padding: 10px;
            background-color: #f8f9fa;
            border-radius: 5px;
            box-shadow: 0 2px 4px rgba(0, 0, 0, 0.1);
        }
    </style>
</head>
<body>
    <div class="container">
        <h2>向量数据库搜索示例</h2>
        <input type="text" id="userQuery" placeholder="请输入您的问题...">
        <button onclick="submitQuery()">提交问题</button>
        <div id="resultContainer" class="result" style="display:none;"></div>
    </div>

    <script>
        function submitQuery() {
            const userQuery=document.getElementById('userQuery').value;

            fetch('http://localhost:5000/query', {
                method: 'POST',
                headers: {
                    'Content-Type': 'application/json',
                },
                body: JSON.stringify({ query: userQuery }),
            })
            .then(response => response.json())
            .then(data => {
                document.getElementById('resultContainer').style.display='block';
                document.getElementById('resultContainer').innerHTML='<strong>
最相关的答案:</strong><p>${data.answer}</p>';
            })
            .catch(error => console.error('Error:', error));
        }
    </script>
</body>
</html>
```

（2）后端使用 DeepSeek API 生成文本的嵌入向量，然后将这些向量存储到向量数据库中进行查询。这里使用了 FAISS（Facebook AI Similarity Search）作为向量数据库。FAISS 是一个用于高效相似性搜索和聚类的库，专门用于处理大规模的向量数据。代码如下所示。

```
import numpy as np
import faiss
from deepseek import DeepSeek
from flask import Flask, request,jsonify

app=Flask(__name__)

# 初始化 DeepSeek 模型
deepseek=DeepSeek(api_key='your_deepseek_api_key')

# 创建一个向量数据库(FAISS)
dimension=512                          # 假设 DeepSeek 的文本嵌入是 512 维
index=faiss.IndexFlatL2(dimension)     # 使用 L2 距离(欧几里得距离)进行相似度计算
texts=[]
embeddings=[]

# 示例:将文本数据嵌入并存储到向量数据库
def add_to_vector_db(text):
    embedding=deepseek.embed(text)                 # 获取文本的嵌入向量
    embeddings.append(embedding)
    texts.append(text)
    faiss.normalize_L2(np.array([embedding]))      # 对嵌入向量进行归一化
    index.add(np.array([embedding]))               # 将嵌入向量加入 FAISS 数据库

# 初始化示例文本数据
knowledge_base=[
    "DeepSeek 提供高效的 API 来生成文本嵌入。",
    "使用 FAISS 可以高效地进行向量搜索。",
    "嵌入技术通过将文本转化为向量来帮助机器理解自然语言。",
    "向量数据库通过存储高维向量来加速相似度检索。"
]

# 将知识库中的文本数据加入向量数据库
for text in knowledge_base:
    add_to_vector_db(text)


@app.route('/query', methods=['POST'])
def query():
    data=request.get_json()
```

```
    query_text=data['query']

    # 获取查询文本的嵌入向量
    query_embedding=deepseek.embed(query_text)
    faiss.normalize_L2(np.array([query_embedding]))            # 归一化查询嵌入向量

    # 进行相似度查询,返回最相似的结果
    D, I=index.search(np.array([query_embedding]), k=1)        # 获取最相似的 1 条
结果
    closest_text=texts[I[0][0]]               # 获取与查询文本最相似的知识库条目

    return jsonify({'answer': closest_text})

if __name__ =='__main__':
    app.run(debug=True, port=5000)
```

代码解析如下。

（1）前端部分：HTML 页面提供了一个输入框供用户输入查询文本。用户单击“提交问题”按钮时，页面会向后端发送一个 POST 请求，将查询文本提交给后端，如图 5-1 所示。后端返回的最相关答案会显示在页面上。

图 5-1　向量数据库查询示例

（2）后端部分：使用 DeepSeek API 生成查询文本和知识库中文本的嵌入向量。将知识库中的每一条文本嵌入后存储在 FAISS 向量数据库中。对用户查询文本进行嵌入，并在 FAISS 数据库中执行相似度搜索，返回与查询文本最相似的知识条目。

（3）向量搜索：向量数据库使用 FAISS 实现，利用 L2 距离（欧几里得距离）计算文本嵌入向量之间的相似度，找到与用户查询最相似的文本。

假设用户输入查询：“什么是文本嵌入技术？”后端将返回以下结果。

```
{
    "answer": "嵌入技术通过将文本转化为向量来帮助机器理解自然语言。"
}
```

利用 DeepSeek 的嵌入技术与 FAISS 向量数据库，可以构建高效的相似度搜索系统。通过该系统，用户可以输入问题，系统快速从知识库中检索出最相关的答案。嵌

入与向量数据库的结合使得这一过程不仅高效，还能够处理大规模数据集。

5.2 DeepSeek 插件开发

DeepSeek 插件开发为构建定制化、高度集成的智能应用提供了强大的支持。通过插件机制，开发者能够将外部功能和自定义逻辑无缝地与 DeepSeek 平台的核心能力结合，进一步拓展系统的适应性与灵活性。插件不仅可以集成第三方服务，还可以扩展 DeepSeek 的内置功能，使其更好地满足不同业务需求。

本节将深入探讨 DeepSeek 插件的开发流程、关键技术和最佳实践，为开发者提供实践指导，帮助构建出具有高度可扩展性的智能应用程序。

5.2.1 插件的基本概念与架构

在现代应用程序中，插件作为扩展系统功能的重要工具，提供了一种灵活的方式来增强软件的功能性和可定制性。插件通常是外部模块，能够与主应用程序进行集成，并为系统提供附加功能，而不需要修改原有的核心代码。插件架构通过解耦主程序与附加功能之间的关系，使得开发者可以在保持系统稳定性和安全性的基础上，灵活地扩展和更新功能。

在 DeepSeek 的生态系统中，插件机制尤为重要。通过插件，用户能够在 DeepSeek 平台的基础上构建更加复杂和定制化的应用。例如，可以通过插件来实现特定的任务处理逻辑，如自然语言处理、图像分析或数据聚合等，这些功能可以在 DeepSeek 的框架内轻松集成，从而形成更加丰富和多样化的应用场景。插件的架构通常由以下几个关键部分组成。

（1）插件接口：这是插件与主应用程序进行交互的标准化方式。接口定义了插件如何接收输入、处理数据并返回结果。这种标准化保证了插件的可插拔性与兼容性。

（2）插件管理器：插件管理器负责加载、卸载和执行插件。它管理着插件的生命周期，包括插件的初始化、运行、更新以及错误处理。插件管理器还负责处理插件间的依赖关系，确保插件能够与主程序和其他插件无缝协作。

（3）插件功能模块：每个插件本身包含一组实现特定功能的代码模块。这些功能模块通常是一个或多个独立的任务处理单元，可能包括数据解析、数据存储、外部服务调用等。

（4）插件通信机制：插件与主程序以及其他插件之间的通信通常依赖于消息传递、回调函数或事件驱动的机制。有效的通信机制能够确保插件之间的协作无缝进行，同时避免功能冲突或资源竞争。

通过这种架构，DeepSeek 能够提供高度可定制的服务，允许开发者根据具体需求构建并集成各种插件，最大化系统的灵活性和扩展性。此外，插件架构还提供了良好的模块化设计，使得开发和维护变得更加高效。

5.2.2 插件 API 与开发流程

插件 API 定义了一组与主应用程序进行交互的标准接口，为开发者提供了构建、集成和管理插件的必要工具，使得插件能够在不改变主应用核心代码的情况下，灵活地扩展系统功能。通过插件 API，开发者可以根据自己的需求构建定制化的功能模块，并将其集成到 DeepSeek 平台上，从而扩展系统的能力。

1. 插件 API 的基本组成

（1）插件接口定义：插件 API 通常包括一系列功能接口和事件驱动机制，使得插件能够与主应用程序和其他插件进行交互。这些接口定义了插件与系统交互的方式，通常包括输入输出规范、数据处理逻辑、错误处理机制等。

（2）生命周期管理：插件 API 还负责插件的生命周期管理，包括初始化、加载、执行、更新和销毁等，确保能够在系统中动态管理插件，并且在系统运行过程中不产生不必要的负担。

（3）插件配置：许多插件提供配置选项，允许开发者通过 API 接口指定插件的运行参数和行为。这些配置项通常是可调节的，允许开发者在使用插件时进行个性化的设置。

（4）数据交互：插件 API 通常允许插件与主应用程序以及其他插件进行数据交换。为了保证插件之间的数据兼容性，API 定义了标准的数据格式和传输机制。这通常涉及请求-响应模式、异步调用以及消息队列等技术。

（5）错误与日志处理：插件 API 还需要提供错误处理和日志记录的机制。错误处理机制确保插件在出现异常时，能够采取合适的回退策略，防止系统崩溃或数据丢失。日志记录机制有助于开发者追踪插件的执行过程，方便调试和问题排查。

2. 插件开发流程

（1）确定插件功能需求：插件开发的第一步是确定插件需要实现的功能。开发者需要明确插件的任务目标，例如数据处理、外部接口调用、计算逻辑等。这一步是插件设计的基础，决定了后续开发的方向。

（2）插件接口设计：在明确插件功能需求后，开发者需要根据插件 API 的规范，设计插件与系统的交互接口。这些接口通常涉及数据格式定义、输入输出参数设置以及功能调用规范。接口设计时需要考虑到系统的可扩展性和兼容性，确保插件在未来的版本中能够无缝运行。

（3）实现插件功能模块：在接口设计完成后，开发者进入插件的功能实现阶段。此时，开发者需要编写具体的代码逻辑，完成插件功能的实现。开发过程中需要遵循接口规范，确保插件能够正确地接收输入、处理数据并返回结果。

(4) 测试与调试：插件开发完成后，进行功能测试和性能调试至关重要。开发者需要验证插件是否按照预期执行，是否能够正确处理边界情况，是否存在内存泄漏或性能瓶颈。此外，插件的日志输出和错误处理也需要进行全面测试。

(5) 插件集成与部署：经过测试后，开发者将插件集成到 DeepSeek 平台中。集成过程包括将插件与系统的其他组件连接，验证插件与主程序及其他插件的兼容性。部署过程还包括版本管理、插件配置和资源分配。

(6) 插件维护与更新：在插件部署后，开发者需要定期对插件进行维护和更新。这包括修复已知的 bug、优化性能、适配系统升级以及根据用户需求进行功能扩展。插件的更新需要考虑到系统的兼容性，确保插件更新不会破坏系统的稳定性。

插件 API 和开发流程为 DeepSeek 平台提供了灵活的扩展机制。通过插件接口，开发者能够在不修改主系统代码的情况下，增强和定制系统的功能。整个插件开发过程遵循从需求分析到功能实现，再到测试和维护的完整流程，确保插件能够高效、稳定地运行。

5.2.3 插件清单与配置

插件清单和配置是插件管理中的核心部分，确保了插件的正确注册、管理和运行。在 DeepSeek 平台中，插件清单和配置文件不仅用于定义插件的基本信息、功能模块，还用于控制插件的加载、更新、依赖关系和执行方式。通过合理的配置，可以使插件以最优的方式与平台其他部分进行交互和协作。

1. 插件清单

插件清单（Plugin Manifest）是一个包含插件元数据的文件，定义了插件的基本信息、依赖关系、版本控制和配置信息等。通常，插件清单是一个结构化的 JSON 或 YAML 文件，包含以下主要内容。

(1) 插件基本信息：插件清单首先包括插件的名称、版本、描述等基本信息。该部分定义了插件的唯一标识和简要功能说明，确保平台能够识别并正确加载插件。

(2) 插件依赖：如果插件依赖于其他插件或系统组件，插件清单中需要明确列出这些依赖项。通过这种方式，系统能够自动管理插件依赖，确保在加载插件时，相关依赖已被正确处理。

(3) 插件接口定义：插件清单中通常会列出插件的接口规范，包括输入参数、输出格式和调用方式。这为其他系统或插件提供了与该插件交互的标准方法。

(4) 插件许可与版权：插件清单中可能还包括版权和许可信息，指定插件的使用范围和授权类型。这部分确保插件开发者的知识产权得到保护，并明确插件的合法使用规范。

(5) 插件状态：插件清单中通常会记录插件的当前状态（例如，启用或禁用）。

平台根据插件的状态来决定是否加载、运行或禁用插件。

（6）插件更新历史：插件的版本控制也是插件清单中非常重要的一部分，通常包括每个版本的更新说明和功能改动。这有助于开发者和用户了解插件的历史和演变。

2. 插件配置

插件配置文件是用来定制和控制插件运行时行为的文件，通常也以 JSON 或 YAML 格式存在。与插件清单相比，插件配置侧重于插件的运行时参数设置，可以根据实际需求灵活调整。插件配置包括但不限于以下内容。

（1）运行参数：插件的配置文件可以包括一系列的运行时参数，用来控制插件的执行方式。例如，某些插件可能需要指定外部 API 的访问地址、数据源配置、模型参数等。通过配置文件，用户可以在不修改插件代码的情况下调整这些参数。

（2）功能开关：有些插件可能提供多个功能模块，而用户只需使用其中一部分。通过插件配置，用户可以选择性地启用或禁用某些功能，避免不必要的资源消耗。

（3）日志与错误处理：插件的日志设置也是配置文件中的重要部分。通过配置文件，开发者可以指定日志的保存路径、日志级别（如信息、警告、错误）等。这有助于后期的调试和监控。

（4）安全与认证：某些插件可能需要访问外部服务或资源，这时需要配置相关的安全凭证、认证方式或密钥信息。插件配置文件中可以包括 API 密钥、OAuth 认证参数等，以确保插件能够正常访问受保护的资源。

（5）资源管理：插件配置文件可以定义插件在运行时所需的系统资源，如 CPU、内存、存储等。这有助于平台根据系统负载动态调整资源分配，确保插件的平稳运行。

（6）环境变量：某些插件可能依赖于特定的环境变量，这些变量可以在配置文件中定义。环境变量帮助插件根据不同的执行环境（如开发、测试、生产环境）进行适配。

3. 插件清单与配置的协同作用

插件清单和配置文件通过明确的结构化方式协同工作，使得插件能够在 DeepSeek 平台无缝运行。清单文件定义了插件的元信息和基本结构，而配置文件则为插件提供了灵活的运行时参数。这种设计使得插件的管理更加标准化和模块化，方便开发者进行插件的集成、调试和优化。

清单文件和配置文件的有效管理能够确保插件在系统中的稳定性和可扩展性。平台能够根据清单文件和配置文件自动识别插件并加载，同时根据配置文件的设定优化插件的性能和行为。这种高度自定义的能力为平台用户提供了极大的灵活性，能够根据不同需求，快速调整插件功能，以应对业务需求的变化。

5.2.4 基于 request 方法的插件开发

基于 DeepSeek API 开发的插件能够扩展现有平台的功能，为用户提供定制化的服务。下面以 DeepSeek 智能摘取网页兴趣新闻为例，来展示如何使用 DeepSeek 的 request 方法开发一个插件，智能摘取网页上的兴趣新闻。

该插件不仅能够分析网页内容、判断网页性质，还能根据用户兴趣选择展示相关内容，支持温度参数设置和模型选择。用户还可以查看当前天气信息以及近期浏览的网页历史记录，增强系统的互动性和个性化。

这个插件主要包括以下两个部分。

（1）前端（HTML 页面）：提供用户交互界面，包括模型选择、兴趣选择、温度调节、网页信息展示等功能。代码如下所示。

```
<!DOCTYPE html>
<html lang="zh-CN">
<head>
    <meta charset="UTF-8">
    <meta name="viewport" content="width=device-width, initial-scale=1.0">
    <title>智能新闻摘取与分析</title>
    <style>
        body {
            font-family: Arial, sans-serif;
            background-color: #f0f8ff;
            margin: 0;
            padding: 20px;
        }
        .container {
            max-width: 800px;
            margin: auto;
            padding: 20px;
            background-color: #ffffff;
            border-radius: 10px;
            box-shadow: 0 4px 12px rgba(0, 0, 0, 0.1);
        }
        h1 {
            text-align: center;
            color: #3498db;
        }
        label, select, input[type="text"], input[type="number"], button {
            width: 100%;
            padding: 10px;
```

```
            margin-top: 10px;
            margin-bottom: 10px;
            border: 1px solid #ccc;
            border-radius: 5px;
            font-size: 16px;
        }
        button {
            background-color: #2980b9;
            color: white;
            border: none;
            cursor: pointer;
        }
        button:hover {
            background-color: #3498db;
        }
        .status {
            margin-top: 20px;
            padding: 15px;
            background-color: #ecf0f1;
            border-radius: 5px;
        }
        .result-container {
            margin-top: 20px;
            padding: 15px;
            background-color: #ecf0f1;
            border-radius: 5px;
        }
        .footer {
            margin-top: 30px;
            font-size: 14px;
            color: #7f8c8d;
            text-align: left;
        }
        .footer span {
            display: block;
        }
    </style>
</head>
<body>

<div class="container">
    <h1>智能新闻摘取与分析</h1>
```

```
        <label for="url">请输入网页 URL:</label>
        <input type="text" id="url" placeholder="输入网页地址..." value="https://
news.ycombinator.com/">

        <label for="interest">选择兴趣:</label>
        <select id="interest">
            <option value="technology">科技</option>
            <option value="health">健康</option>
            <option value="business">商业</option>
        </select>

        <label for="model">选择模型:</label>
        <select id="model">
            <option value="gpt-3.5-turbo">GPT-3.5 Turbo</option>
            <option value="gpt-4">GPT-4</option>
        </select>

        <label for="temperature">设置温度:</label>
        <input type="number" id="temperature" value="0.7" min="0" max="1" step="0.1">

        <button onclick="fetchNews()">获取网页分析</button>

        <div id="result" class="result-container" style="display:none;">
            <h3>分析结果:</h3>
            <p id="webContent"></p>
        </div>

        <div id="footer" class="footer">
            <span id="weather">当前天气:加载中...</span>
            <span id="history">浏览历史:无</span>
        </div>
    </div>

    <script>
        function fetchNews() {
            const url=document.getElementById('url').value;
            const interest=document.getElementById('interest').value;
            const model=document.getElementById('model').value;
            const temperature=document.getElementById('temperature').value;

            fetch('http://localhost:5000/analyze', {
```

```
            method: 'POST',
            headers: {
                'Content-Type': 'application/json',
            },
            body: JSON.stringify({
                url: url,
                interest: interest,
                model: model,
                temperature: temperature
            })
        })
        .then(response => response.json())
        .then(data => {
            document.getElementById('webContent').innerText=data.content;
            document.getElementById('result').style.display='block';
            document.getElementById('weather').innerText='当前天气: ${data.weather}';
            document.getElementById('history').innerText='浏览历史: ${data.history}';
        })
        .catch(error => console.error('Error:', error));
    }
</script>

</body>
</html>
```

（2）后端（Python Flask）：负责处理前端请求，调用 DeepSeek API 进行网页内容的智能摘取、分析与展示。代码如下所示。

```
import requests
from flask import Flask, request,jsonify
import openai

app=Flask(__name__)

# 配置 DeepSeek API 密钥
openai.api_key="your_deepseek_api_key"

# 模拟天气查询
def get_weather():
    # 此处使用了一个简单的固定天气数据,实际应用中可以通过 API 查询真实天气
    return "18°C, Partly Cloudy"
```

```
# 模拟浏览历史
def get_history():
    return "1. https://news.ycombinator.com/\n2. https://www.bbc.com/"

# 模拟网页内容提取
def extract_web_content(url, interest):
    # 这里简化了网页内容提取,实际应用中可以使用 BeautifulSoup 等工具来提取内容
    content=f"正在分析网页:{url}\n兴趣类别:{interest} \n 相关内容摘要:\n\n{url}包
含了大量的{interest}相关信息,用户可以获取到关于该主题的各种新闻。"
    return content

@app.route('/analyze', methods=['POST'])
def analyze():
    data=request.get_json()
    url=data['url']
    interest=data['interest']
    model=data['model']
    temperature=data['temperature']

    content=extract_web_content(url, interest)      # 提取网页内容
    weather=get_weather()                            # 模拟获取天气信息
    history=get_history()                            # 模拟浏览历史

    # 返回分析结果
    return jsonify({
        'content': content,
        'weather': weather,
        'history': history
    })

if __name__ == '__main__':
    app.run(debug=True)
```

代码解析如下。

（1）前端功能：网页输入——用户可以输入一个网页 URL，选择兴趣类型（科技、健康、商业）、选择模型，并设置温度参数，如图 5-2 所示。获取分析结果——单击“获取网页分析”按钮后，系统会分析该网页内容，并返回相关摘要。显示天气和浏览历史——页面左下角会显示当前天气和浏览历史记录。

（2）后端功能：网页内容提取——后端通过简单的模拟方法提取网页内容。实际开发中可以使用 BeautifulSoup 或 requests 库来进行网页抓取和分析。天气查询——这里使用的是一个固定天气数据。实际应用中可以通过调用第三方天气 API 获取实

时天气信息。浏览历史管理——显示用户的最近浏览记录。

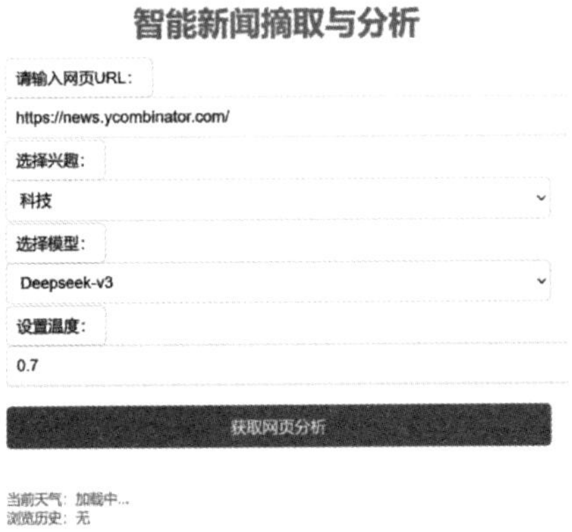

图 5-2　智能新闻摘取插件

（3）交互与展示：用户选择的参数（兴趣、模型、温度）会影响网页内容分析的深度与准确性，页面内容将根据返回的结果动态更新。天气和历史记录信息会随网页分析结果一起展示，提升用户体验。

该示例展示了如何使用 DeepSeek API 及 Flask 框架进行一个集成化插件的开发，结合文本分析和天气信息，提供丰富的用户交互功能。系统不仅能够根据兴趣分类智能分析网页内容，还能够通过展示天气和浏览历史提供个性化的信息，从而增强用户体验。

5.3 本章小结

本章介绍了构建高效语言模型应用开发框架的关键技术，包括动态提示词与任务编排、智能体与工具集成、记忆机制与上下文管理，以及嵌入与向量数据库的应用。同时，探讨了 DeepSeek 插件开发机制，展示了如何通过插件扩展平台功能，实现定制化智能应用。通过这些技术的结合，开发者能够构建灵活、智能且高效的系统，满足复杂的业务需求，推动人工智能在实际场景中的创新与应用。

06 第6章 大模型应用场景与行业实践

本章深入探讨了大模型在不同应用场景中的实际应用与行业实践。随着人工智能技术的迅速发展，深度学习与大规模预训练模型在各行各业中的应用已成为推动创新与效率提升的重要驱动力。本章将详细分析大模型在多个领域中的实践案例，揭示其在解决复杂问题、优化决策过程及提升业务效能方面的潜力。本章通过具体行业的应用示范，旨在为开发者、研究人员及行业从业者提供深入的技术指导与实践经验，以便使其更好地理解和应用大模型技术。

6.1 教育行业

本节聚焦于大模型在教育行业中的应用，深入探讨了其在个性化学习、智能辅导、内容生成与评估等方面的变革潜力。随着 AI 技术的不断发展，教育行业愈加依赖于智能化工具和算法模型来提升教学质量和效率。

大模型能够分析和处理大量教育数据，从而为学生提供定制化的学习体验，助力教师实现精准教学与反馈。本节将详细阐述大模型如何在教育场景中实现赋能，推动教育理念的创新，并通过具体应用案例展示其在教育行业中的广泛前景。

6.1.1 智能辅导系统

智能辅导系统是基于大模型技术的一种创新应用，能够帮助学生在学习过程中获得个性化的辅导服务。通过结合自然语言处理（NLP）和智能问答技术，系统能够根据学生的学习情况，生成针对性的学习建议，并提供实时的解答与反馈。

为了让这个过程更加智能化与个性化，系统可以根据学生的学习数据自动调整辅导内容和难度，并能够进行知识点的追踪和反馈。

以下是一个基于 DeepSeek API 的智能辅导系统示例，展示了 HTML 前端和后端开发代码。前端页面，如图 6-1 所示。

（1）前端页面为用户交互界面，用户可以输入问题，选择学科，并查看系统生成的答案。代码如下页所示。

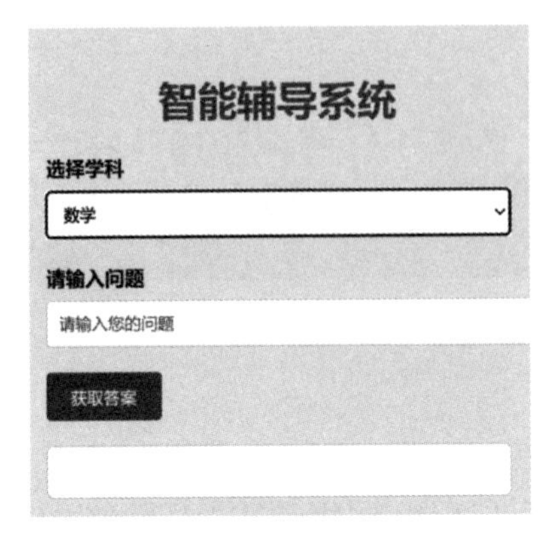

图 6-1 智能辅导系统前端页面

```
<!DOCTYPE html>
<html lang="zh">
<head>
    <meta charset="UTF-8">
    <meta name="viewport" content="width=device-width, initial-scale=1.0">
    <title>智能辅导系统</title>
    <style>
        body {
            background-color: #f0f8ff;
            color: #333;
            font-family: Arial, sans-serif;
        }
        .container {
            width: 60%;
            margin: 0 auto;
            padding: 20px;
            border-radius: 8px;
            background-color: #e0f7fa;
            box-shadow: 0 4px 8px rgba(0, 0, 0, 0.1);
        }
        h1 {
            text-align: center;
            color: #00796b;
        }
        .form-group {
            margin-bottom: 20px;
        }
```

```
        .form-group label {
            font-weight: bold;
        }
        .form-group input, .form-group select {
            width: 100%;
            padding: 10px;
            margin-top: 8px;
            border: 1px solid #ccc;
            border-radius: 4px;
        }
        .button {
            background-color: #00796b;
            color: white;
            padding: 10px 20px;
            border: none;
            border-radius: 4px;
            cursor: pointer;
        }
        .button:hover {
            background-color: #004d40;
        }
        #response {
            background-color: #fff;
            padding: 20px;
            margin-top: 20px;
            border-radius: 6px;
            border: 1px solid #ccc;
        }
    </style>
</head>
<body>
    <div class="container">
        <h1>智能辅导系统</h1>
        <div class="form-group">
            <label for="subject">选择学科</label>
            <select id="subject">
                <option value="math">数学</option>
                <option value="science">科学</option>
                <option value="history">历史</option>
            </select>
        </div>
        <div class="form-group">
```

```
            <label for="question">请输入问题</label>
            <input type="text" id="question" placeholder="请输入您的问题" />
        </div>
        <button class="button"onclick="getAnswer()">获取答案</button>

        <div id="response"></div>
    </div>

    <script>
        async function getAnswer() {
            const subject=document.getElementById('subject').value;
            const question=document.getElementById('question').value;

            const responseElement=document.getElementById('response');
            responseElement.innerHTML="正在获取答案...";

            const response=await fetch('/api/get_answer', {
                method: 'POST',
                headers: { 'Content-Type': 'application/json' },
                body: JSON.stringify({ subject, question })
            });

            const data=await response.json();

            if (data.error) {
                responseElement.innerHTML="发生错误:" + data.error;
            } else {
                responseElement.innerHTML='<h3>系统答案:</h3><p>${data.answer}</p>';
            }
        }
    </script>
</body>
</html>
```

（2）后端使用 Flask 框架接收前端请求，通过 DeepSeek API 对用户输入的问题进行处理，获取相应的答案并返回给前端。代码如下所示。

```
from flask import Flask, request,jsonify
import requests

app=Flask(__name__)

# DeepSeek API 密钥
```

```
API_KEY='YOUR_DEEPSEEK_API_KEY'
API_URL='https://api.deepseek.com/v1/chat/completion'

#处理用户问题并获取答案
@app.route('/api/get_answer', methods=['POST'])
def get_answer():
    try:
        #获取请求中的数据
        data=request.get_json()
        subject=data.get('subject')
        question=data.get('question')

        #请求 DeepSeek API
        response=requests.post(
            API_URL,
            headers={'Authorization': f'Bearer {API_KEY}'},
            json={
                'model': 'deepseek-gpt-3.5-turbo',  #模型选择,可以根据需要修改
                'messages': [
                    {'role': 'system', 'content': f'学科:{subject}'},  #添加学科信息
                    {'role': 'user', 'content': question}
                ],
                'max_tokens': 150,
                'temperature': 0.7
            }
        )

        #解析 API 返回的结果
        response_data=response.json()
        if 'choices' in response_data:
            answer=response_data['choices'][0]['message']['content']
            return jsonify({'answer': answer})

        return jsonify({'error': '无法获取答案'})

    except Exception as e:
        return jsonify({'error': str(e)})

if __name__ == '__main__':
    app.run(debug=True)
```

假设用户在前端输入问题："什么是相对论?"，并选择"科学"学科，后端系

统会根据问题和学科，通过 DeepSeek API 查询得到答案。智能辅导系统前端页面如图 6-2 所示。

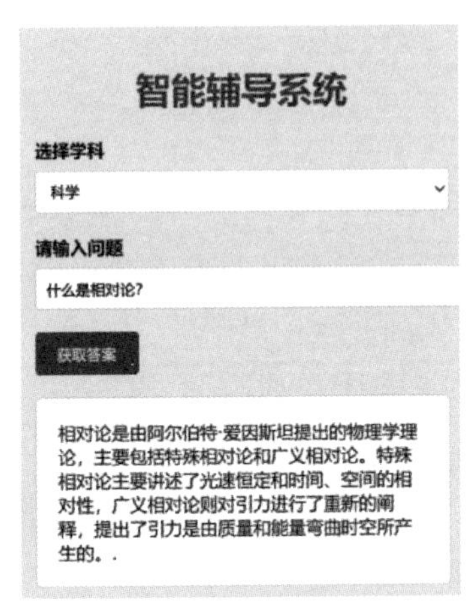

图 6-2　智能辅导系统页面

```
系统答案：
相对论是由阿尔伯特·爱因斯坦提出的物理学理论，主要包括特殊相对论和广义相对论。特殊相对论主要讲述了光速恒定和时间、空间的相对性，广义相对论则对引力进行了重新的阐释，提出了引力是由质量和能量弯曲时空所产生的。
```

这个智能辅导系统的实现结合了 DeepSeek API 强大的自然语言处理能力，能够根据用户输入的问题和学科选择，自动生成准确的学科相关答案。通过前后端分离架构（前端负责用户交互，后端利用 DeepSeek API 进行智能推理和答疑），展示了如何构建一个基于大模型的智能辅导系统。

6.1.2 自动化作业批改系统

自动化作业批改系统利用深度学习和自然语言处理技术，通过大语言模型对学生提交的作业进行自动批改，能够快速且准确地给出反馈。这种系统能够提高教师的批改效率，同时保证作业评分的公正性与一致性。在这个系统中，前端部分提供作业提交界面，而后端通过 DeepSeek API 对提交的作业进行自动分析、评分并给出详细反馈。

以下是一个基于 DeepSeek API 的自动化作业批改系统的实现，结合前端（HTML）和后端（Python Flask）的代码进行讲解，前端页面如图 6-3 所示。

（1）前端页面提供了作业提交表单，用户可以在输入框中提交作业内容，并通过“提交作业”按钮提交给后端进行批改。页面设计简洁，旨在实现用户与系统的交互。代码如下所示。

图 6-3　自动化作业批改系统

```
<!DOCTYPE html>
<html lang="zh">
<head>
    <meta charset="UTF-8">
    <meta name="viewport" content="width=device-width, initial-scale=1.0">
    <title>自动化作业批改系统</title>
    <style>
        body {
            font-family: Arial, sans-serif;
            background-color: #f4f4f9;
            color: #333;
        }
        .container {
            width: 60%;
            margin: 0 auto;
            padding: 20px;
            background-color: #e8f5e9;
            border-radius: 8px;
            box-shadow: 0 4px 8px rgba(0, 0, 0, 0.1);
        }
        h1 {
            text-align: center;
            color: #388e3c;
        }
        .form-group {
            margin-bottom: 20px;
        }
```

```
        .form-group label {
            font-weight: bold;
        }
        .form-group textarea {
            width: 100%;
            height: 200px;
            padding: 10px;
            margin-top: 8px;
            border: 1px solid #ccc;
            border-radius: 4px;
        }
        .button {
            background-color: #388e3c;
            color: white;
            padding: 10px 20px;
            border: none;
            border-radius: 4px;
            cursor: pointer;
        }
        .button:hover {
            background-color: #2c6b31;
        }
        #feedback {
            background-color: #fff;
            padding: 20px;
            margin-top: 20px;
            border-radius: 6px;
            border: 1px solid #ccc;
        }
    </style>
</head>
<body>
    <div class="container">
        <h1>自动化作业批改系统</h1>
        <div class="form-group">
            <label for="assignment">请输入作业内容</label>
            <textarea id="assignment" placeholder="请输入您的作业内容"></
textarea>
        </div>
        <button class="button"onclick="submitAssignment()">提交作业</button>

        <div id="feedback"></div>
```

```
    </div>

    <script>
  async function submitAssignment() {
           const assignmentContent=document.getElementById('assignment').value;

           const feedbackElement=document.getElementById('feedback');
  feedbackElement.innerHTML="正在批改作业...";

           const response=await fetch('/api/grade_assignment', {
               method: 'POST',
               headers: { 'Content-Type': 'application/json' },
               body: JSON.stringify({ assignment: assignmentContent })
           });

           const data=await response.json();

           if (data.error) {
               feedbackElement.innerHTML="批改失败:" + data.error;
           } else {
  feedbackElement.innerHTML='<h3>批改反馈:</h3><p> ${data.feedback}</p><h4>得分:
${data.score}</h4>';
           }
       }
    </script>
  </body>
  </html>
```

（2）后端系统使用 Flask 框架接收前端的作业内容，利用 DeepSeek API 进行作业批改，并返回批改结果。系统会对作业内容进行评分，并生成详细的反馈。代码如下所示。

```
  from flask import Flask, request,jsonify
  import requests

  app=Flask(__name__)

  # DeepSeek API 密钥
  API_KEY='YOUR_DEEPSEEK_API_KEY'
  API_URL='https://api.deepseek.com/v1/chat/completion'

  @app.route('/api/grade_assignment', methods=['POST'])
```

```
def grade_assignment():
    try:
        # 获取请求中的数据
        data=request.get_json()
        assignment=data.get('assignment')

        # 请求 DeepSeek API 进行作业批改
        response=requests.post(
            API_URL,
            headers={'Authorization': f'Bearer {API_KEY}'},
            json={
                'model': 'deepseek-gpt-3.5-turbo',  # 模型选择,可以根据需要修改
                'messages': [
                    {'role': 'system', 'content': '你是一个作业批改助手,能够根据作业内
容给出评分和反馈。'},
                    {'role': 'user', 'content': assignment}
                ],
                'max_tokens': 300,
                'temperature': 0.7
            }
        )

        # 解析 API 返回的结果
        response_data=response.json()
        if 'choices' in response_data:
            feedback=response_data['choices'][0]['message']['content']
            # 模拟评分:如果批改反馈内容包含“优秀”,得分为 100 分,否则为 70 分
            score=100 if '优秀' in feedback else 70
            return jsonify({'feedback': feedback, 'score': score})

        return jsonify({'error': '无法批改作业'})

    except Exception as e:
        return jsonify({'error': str(e)})


if __name__ == '__main__':
    app.run(debug=True)
```

假设学生提交的作业是：“请写一篇关于环境保护的作文，讨论污染问题和解决方法”，且前端选择的学科是“语文”。后台通过 DeepSeek API 处理后，生成的批改反馈内容如下。

```
批改反馈：
您的作文内容完整，论点清晰，结构合理。但在表达方面，语句有些重复，建议精简语言，避免冗长。整体来说，写作思路较好，体现了对环境问题的关切，但在提出解决方案时可以更有创意。
得分：85
```

如果批改反馈中包含“优秀”字眼，系统会返回 100 分，若没有则返回 70 分。

该系统实现了自动化作业批改功能，结合了自然语言处理模型 DeepSeek 的强大能力，能够根据学生的提交内容自动生成批改反馈，并给出评分。这不仅提高了教师批改作业的效率，还能根据个性化的需求生成详细的反馈，帮助学生更好地提升学习质量。

6.2 医疗行业

本节着重探讨了大模型在医疗行业中的应用，特别是在医学影像分析、疾病诊断、个性化治疗和健康管理等领域的深远影响。随着大数据和人工智能技术的快速发展，医疗行业正在迎来智能化的转型，人工智能的辅助诊断、预测模型、智能监测等技术，正在逐步提高医疗服务的精准性和效率。

本节将深入剖析大模型如何在医疗领域中推动创新，提升临床诊断和治疗的水平，并通过具体案例展示其在智能医疗中的实际应用，展现大模型技术对医疗行业带来的革命性改变。

6.2.1 病历分析与诊断辅助系统

病历分析与诊断辅助系统结合人工智能与深度学习技术，利用自然语言处理模型（如 DeepSeek）自动化分析病历数据，为医生提供初步的诊断辅助。该系统能够分析患者的症状、病史、检查结果等数据，提供可能的诊断建议，辅助医生快速、准确地做出决策。前端系统提供病历输入界面，而后端系统则调用 DeepSeek API 进行病历数据处理与诊断分析，并返回分析结果。

以下是一个基于 DeepSeek API 的病历分析与诊断辅助系统的实现，结合前端（HTML）和后端（Python Flask）的代码进行讲解，前端页面如图 6-4 所示。

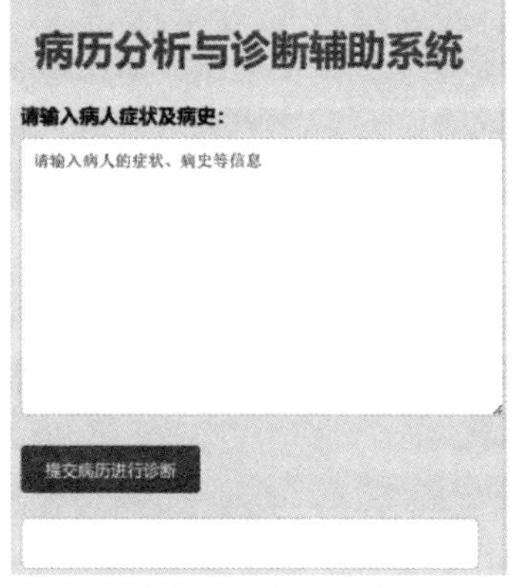

图 6-4　病例分析与诊断辅助系统

（1）前端页面提供了病历数据输入界面，用户（例如医生）可以在表单中输入病人的症状、病史、检查报告等信息，并提交给后端进行分析。页面设计简洁，旨在实现用户与系统的交互。代码如下所示。

```
<!DOCTYPE html>
<html lang="zh">
<head>
    <meta charset="UTF-8">
    <meta name="viewport" content="width=device-width, initial-scale=1.0">
    <title>病历分析与诊断辅助系统</title>
    <style>
        body {
            font-family: Arial, sans-serif;
            background-color: #f4f4f9;
            color: #333;
        }
        .container {
            width: 60%;
            margin: 0 auto;
            padding: 20px;
            background-color: #e8f5e9;
            border-radius: 8px;
            box-shadow: 0 4px 8px rgba(0, 0, 0, 0.1);
        }
        h1 {
            text-align: center;
            color: #388e3c;
        }
        .form-group {
            margin-bottom: 20px;
        }
        .form-group label {
            font-weight: bold;
        }
        .form-group textarea {
            width: 100%;
            height: 200px;
            padding: 10px;
            margin-top: 8px;
            border: 1px solid #ccc;
            border-radius: 4px;
        }
        .button {
            background-color: #388e3c;
            color: white;
            padding: 10px 20px;
```

```
            border: none;
            border-radius: 4px;
            cursor: pointer;
        }
        .button:hover {
            background-color: #2c6b31;
        }
        #diagnosis-result {
            background-color: #fff;
            padding: 20px;
            margin-top: 20px;
            border-radius: 6px;
            border: 1px solid #ccc;
        }
    </style>
</head>
<body>
    <div class="container">
        <h1>病历分析与诊断辅助系统</h1>
        <div class="form-group">
            <label for="symptoms">请输入病人症状及病史:</label>
            <textarea id="symptoms" placeholder="请输入病人的症状、病史等信息"></
textarea>
        </div>
        <button class="button"onclick="submitDiagnosis()">提交病历进行诊断</button>

        <div id="diagnosis-result"></div>
    </div>

    <script>
        async function submitDiagnosis() {
            const symptomsContent=document.getElementById('symptoms').value;

            const diagnosisResultElement=document.getElementById('diagnosis-result');
            diagnosisResultElement.innerHTML="正在分析病历...";

            const response=await fetch('/api/analyze_case', {
                method: 'POST',
                headers: { 'Content-Type': 'application/json' },
                body: JSON.stringify({ symptoms: symptomsContent })
            });
```

```
            const data=await response.json();

            if (data.error) {
                diagnosisResultElement.innerHTML="诊断失败:" + data.error;
            } else {
                diagnosisResultElement.innerHTML='<h3>诊断建议:</h3><p> ${data.
diagnosis}</p><h4>可能的诊断结果:</h4><p> ${data.possible_diagnoses.join(", ")}</p>';
            }
        }
    </script>
</body>
</html>
```

（2）后端系统使用 Flask 框架，接收前端提交的病历数据，利用 DeepSeek API 进行病历分析，并返回诊断结果。根据患者的症状、病史以及其他相关信息，系统会提供可能的诊断建议，帮助医生做出初步判断。代码如下所示。

```
from flask import Flask, request,jsonify
import requests

app=Flask(__name__)

# DeepSeek API 密钥
API_KEY='YOUR_DEEPSEEK_API_KEY'
API_URL='https://api.deepseek.com/v1/chat/completion'

@app.route('/api/analyze_case', methods=['POST'])
def analyze_case():
    try:
        # 获取请求中的数据
        data=request.get_json()
        symptoms=data.get('symptoms')

        # 请求 DeepSeek API 进行病历分析
        response=requests.post(
            API_URL,
            headers={'Authorization': f'Bearer {API_KEY}'},
            json={
                'model':'deepseek-gpt-3.5-turbo',  # 模型选择,可以根据需要修改
                'messages': [
                    {'role':'system','content':'你是一个医疗辅助系统,能够根据患者症
状和病史提供诊断建议。'},
```

```
                {'role':'user','content': symptoms}
            ],
            'max_tokens': 300,
            'temperature': 0.7
        }
    )

    # 解析 API 返回的结果
    response_data=response.json()
    if 'choices' in response_data:
        diagnosis=response_data['choices'][0]['message']['content']
        # 假设系统可以根据症状给出可能的诊断列表
        possible_diagnoses=["感冒", "流感", "过敏性鼻炎"]  # 这里的结果是硬编码
的,实际情况会由 API 返回
            return jsonify ({' diagnosis ': diagnosis, ' possible _diagnoses ':
possible_diagnoses})

    return jsonify({'error': '无法进行病历分析'})

  except Exception as e:
    return jsonify({'error': str(e)})

if __name__ == '__main__':
  app.run(debug=True)
```

假设医生提交的病历内容是:“患者表现为发热、头痛、喉咙痛，并伴有轻微咳嗽，已有一周时间”。后台通过 DeepSeek API 处理后，生成的诊断建议如下。

```
诊断建议:
根据患者症状，初步考虑可能是流感或普通感冒。建议进一步检查体温、血常规等，以确定是否存在
其他感染。

可能的诊断结果:
感冒，流感，过敏性鼻炎
```

该系统通过集成 DeepSeek API，利用自然语言处理技术分析病历数据，辅助医生进行疾病诊断。前端页面提供病历输入功能，使得医生可以简便地输入患者信息并获取诊断建议，而后端则通过调用 DeepSeek 的强大分析能力，生成诊断反馈。系统能够根据症状、病史等信息给出多个可能的诊断，帮助医生做出更为准确的判断。

6.2.2 医学文献摘要生成系统

医学文献摘要生成系统利用自然语言处理技术，结合深度学习模型，自动化分析医学文献并生成简洁的摘要。系统的核心目标是通过对大量医学文献的分析，提取出

重要的研究成果、结论和数据，帮助医生和研究人员快速获取关键信息。

该系统的前端页面提供了文献上传和选择模型的界面，后端则通过调用 DeepSeek API 处理上传的文献内容，并生成摘要。系统能够自动提取文献中的核心信息，生成简洁、准确的摘要，减少人工阅读文献的工作量。

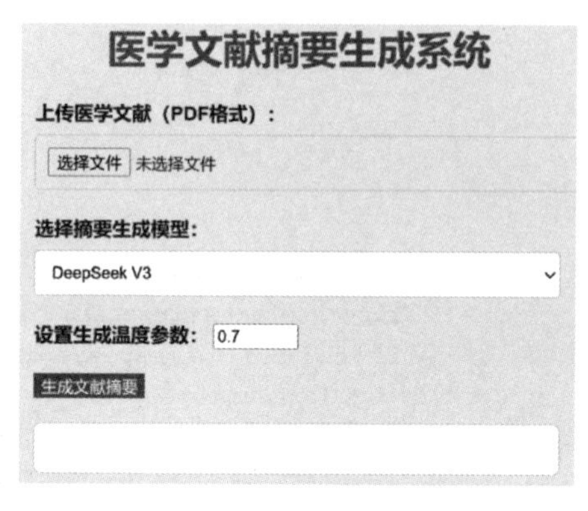

图 6-5 医学文献摘要生成系统

以下是一个基于 DeepSeek API 的医学文献摘要生成系统的实现，结合前端（HTML）和后端（Python Flask）的代码进行讲解，前端页面如图 6-5 所示。

（1）前端页面允许用户上传医学文献文件，并选择摘要模型，提交给后端进行摘要生成。页面设计简洁直观，包含文献上传、模型选择、温度参数设置等内容。代码如下所示。

```
<!DOCTYPE html>
<html lang="zh">
<head>
    <meta charset="UTF-8">
    <meta name="viewport" content="width=device-width, initial-scale=1.0">
    <title>医学文献摘要生成</title>
    <style>
        body {
            font-family: Arial, sans-serif;
            background-color: #f4f4f9;
            color: #333;
        }
        .container {
            width: 70%;
            margin: 0 auto;
            padding: 20px;
            background-color: #e0f7fa;
            border-radius: 8px;
            box-shadow: 0 4px 8px rgba(0, 0, 0, 0.1);
        }
        h1 {
            text-align: center;
            color: #00796b;
```

```
        }
        .form-group {
            margin-bottom: 20px;
        }
        .form-group label {
            font-weight: bold;
        }
        .form-group input[type="file"],
        .form-group select,
        .form-group button {
            width: 100%;
            padding: 10px;
            margin-top: 8px;
            border-radius: 4px;
            border: 1px solid #ccc;
        }
        .button {
            background-color: #00796b;
            color: white;
            border: none;
            cursor: pointer;
        }
        .button:hover {
            background-color: #004d40;
        }
        #summary-result {
            background-color: #fff;
            padding: 20px;
            margin-top: 20px;
            border-radius: 6px;
            border: 1px solid #ccc;
        }
        .footer {
            margin-top: 20px;
            font-size: 12px;
            color: #555;
            text-align: right;
        }
    </style>
</head>
<body>
    <div class="container">
```

```
        <h1>医学文献摘要生成系统</h1>
        <div class="form-group">
            <label for="file-input">上传医学文献(PDF 格式):</label>
            <input type="file" id="file-input" accept=".pdf">
        </div>
        <div class="form-group">
            <label for="model-selection">选择摘要生成模型:</label>
            <select id="model-selection">
                <option value="deepseek-gpt-3.5-turbo">DeepSeek GPT-3.5</option>
                <option value="deepseek-gpt-4">DeepSeek GPT-4</option>
            </select>
        </div>
        <div class="form-group">
            <label for="temperature">设置生成温度参数:</label>
            <input type="number" id="temperature" value="0.7" min="0.0" max="1.
0" step="0.1">
        </div>
        <button class="button"onclick="generateSummary()">生成文献摘要</button>

        <div id="summary-result"></div>
        <div class="footer" id="weather-info">
            <!--显示天气信息 -->
        </div>
    </div>

    <script>
        async function generateSummary() {
            const fileInput=document.getElementById('file-input');
            const modelSelection=document.getElementById('model-selection').value;
            const temperature=document.getElementById('temperature').value;

            const summaryResultElement=document.getElementById('summary-result');
            summaryResultElement.innerHTML="正在生成文献摘要...";

            const formData=new FormData();
            formData.append('file', fileInput.files[0]);
            formData.append('model', modelSelection);
            formData.append('temperature', temperature);

            const response=await fetch('/api/generate_summary', {
                method:'POST',
                body:formData
```

```
            });

            const data=await response.json();

            if (data.error) {
                summaryResultElement.innerHTML="生成失败:" + data.error;
            } else {
                summaryResultElement.innerHTML='<h3>文献摘要:</h3><p> ${data.sum-
mary}</p>';
            }
        }
    </script>
</body>
</html>
```

(2)后端使用Flask框架,接收前端提交的文献文件,调用DeepSeek API进行医学文献分析,并生成摘要。文件上传后,后端会提取文件内容,调用模型生成摘要。代码如下所示。

```
from flask import Flask, request,jsonify
import requests
from werkzeug.utils import secure_filename

app=Flask(__name__)

# DeepSeek API 密钥
API_KEY='YOUR_DEEPSEEK_API_KEY'
API_URL='https://api.deepseek.com/v1/chat/completion'

# 配置上传文件的保存路径
UPLOAD_FOLDER='./uploads'
ALLOWED_EXTENSIONS={'pdf'}

app.config['UPLOAD_FOLDER']=UPLOAD_FOLDER

# 检查文件扩展名
def allowed_file(filename):
    return '.' in filename and filename.rsplit('.', 1)[1].lower() in ALLOWED_EXTEN-
SIONS

@app.route('/api/generate_summary', methods=['POST'])
def generate_summary():
```

```
    if 'file' not in request.files:
        return jsonify({'error': '未找到文件'}), 400
    file=request.files['file']
    if file.filename == '' or not allowed_file(file.filename):
        return jsonify({'error': '无效的文件类型'}), 400

    filename=secure_filename(file.filename)
    file.save(f'./uploads/{filename}')

    model=request.form['model']
    temperature=float(request.form['temperature'])

    # 模拟文件解析 - 假设文件内容为医学文献的纯文本内容
    document_content="根据最新研究,..."  # 这里只是示例,实际应该从 PDF 中提取文本

    # 请求 DeepSeek API 进行摘要生成
    response=requests.post(
        API_URL,
        headers={'Authorization': f'Bearer {API_KEY}'},
        json={
            'model': model,
            'messages': [
                {'role': 'system', 'content': '你是一个医学文献摘要生成系统,根据上传的
文献生成简洁的摘要。'},
                {'role': 'user', 'content': document_content}
            ],
            'max_tokens': 500,
            'temperature': temperature
        }
    )

    response_data=response.json()

    if 'choices' in response_data:
        summary=response_data['choices'][0]['message']['content']
        return jsonify({'summary': summary})
    else:
        return jsonify({'error': '摘要生成失败'})

if __name__ == '__main__':
    app.run(debug=True)
```

假设用户上传的医学文献内容涉及心脏病研究，系统分析后生成的摘要如下。

```
文献摘要：
本研究探索了心脏病治疗中的新药物作用机制。研究表明，药物 A 能够有效降低血压并减缓心脏衰竭的发展。通过长期的临床试验，药物 A 展现出显著的疗效和较低的副作用反应。研究还指出，药物 A 在特定群体中有着更为显著的治疗效果，尤其是老年患者群体。
```

该医学文献摘要生成系统通过 DeepSeek API 实现自动化的文献分析和摘要生成。用户通过前端页面上传文献，选择模型和温度参数，系统根据文献内容生成简洁明了的摘要。通过自动化摘要生成，系统能够节省医生和研究人员大量阅读文献的时间，帮助其快速获取关键信息，提高工作效率。

6.3 金融行业

本节深入探讨了大模型在金融行业中的应用，分析了人工智能在风险控制、智能投资、金融监测等多个领域的关键作用。随着数据科学与机器学习技术的不断发展，金融行业正在逐步实现智能化转型，利用大模型分析海量数据，精准预测市场走势，优化投资决策，提升风险管理能力。

本节将详细阐述大模型如何在金融领域中推动创新，提升决策效率，并通过具体应用案例展示其在金融风控、客户服务及资产管理等方面的实际效益，展现大模型在金融行业的广泛潜力与应用价值。

6.3.1 市场趋势预测系统

市场趋势预测系统是利用大数据分析、机器学习模型和人工智能技术，基于历史数据、消费者行为、市场情报等信息进行趋势预测的系统。通过分析消费者的购买模式、竞争对手的动态以及宏观经济指标，系统能够预测未来市场的变化趋势，并为企业决策提供支持。

在本系统中，用户通过前端页面输入相关数据或选择模型参数，后端则通过 DeepSeek API 调用预训练模型，对市场趋势进行分析与预测，生成准确的未来趋势分析报告。

以下是一个基于 DeepSeek API 的市场趋势预测系统的实现，结合前端（HTML）和后端（Python Flask）代码进行讲解，前端页面如图 6-6 所示。

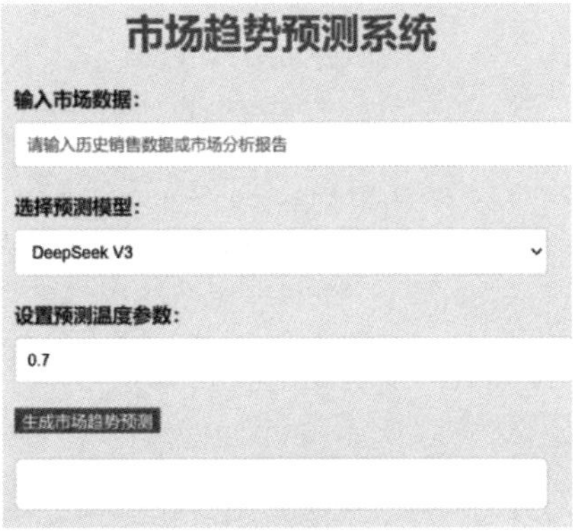

图 6-6　市场趋势预测系统

（1）前端页面允许用户输入市场数据，选择预测模型，并设置相关预测参数。页面设计直观简洁，包含数据输入、模型选择、温度参数设置等内容，生成的预测结果将显示在页面上。代码如下所示。

```
<!DOCTYPE html>
<html lang="zh">
<head>
    <meta charset="UTF-8">
    <meta name="viewport" content="width=device-width, initial-scale=1.0">
    <title>市场趋势预测系统</title>
    <style>
        body {
            font-family: Arial, sans-serif;
            background-color: #f4f4f9;
            color: #333;
        }
        .container {
            width: 70%;
            margin: 0 auto;
            padding: 20px;
            background-color: #e3f2fd;
            border-radius: 8px;
            box-shadow: 0 4px 8px rgba(0, 0, 0, 0.1);
        }
        h1 {
            text-align: center;
            color: #0277bd;
        }
        .form-group {
            margin-bottom: 20px;
        }
        .form-group label {
            font-weight: bold;
        }
        .form-group input[type="text"],
        .form-group input[type="number"],
        .form-group select,
        .form-group button {
            width: 100%;
            padding: 10px;
            margin-top: 8px;
            border-radius: 4px;
            border: 1px solid #ccc;
```

```
        }
        .button {
            background-color: #0277bd;
            color: white;
            border: none;
            cursor: pointer;
        }
        .button:hover {
            background-color: #01579b;
        }
        #prediction-result {
            background-color: #fff;
            padding: 20px;
            margin-top: 20px;
            border-radius: 6px;
            border: 1px solid #ccc;
        }
        .footer {
            margin-top: 20px;
            font-size: 12px;
            color: #555;
            text-align: right;
        }
    </style>
</head>
<body>
    <div class="container">
        <h1>市场趋势预测系统</h1>
        <div class="form-group">
            <label for="data-input">输入市场数据:</label>
            <input type="text" id="data-input" placeholder="请输入历史销售数据或市
场分析报告">
        </div>
        <div class="form-group">
            <label for="model-selection">选择预测模型:</label>
            <select id="model-selection">
                <option value="deepseek-gpt-3.5-turbo">DeepSeek GPT-3.5</option>
                <option value="deepseek-gpt-4">DeepSeek GPT-4</option>
            </select>
        </div>
        <div class="form-group">
            <label for="temperature">设置预测温度参数:</label>
```

```
            <input type="number" id="temperature" value="0.7" min="0.0" max="1.
0" step="0.1">
          </div>
          <button class="button"onclick="generatePrediction()">生成市场趋势预测</
button>

          <div id="prediction-result"></div>
          <div class="footer" id="weather-info">
              <!--显示天气信息 -->
          </div>
      </div>

      <script>
          async function generatePrediction() {
              const dataInput=document.getElementById('data-input').value;
              const modelSelection=document.getElementById('model-selection').value;
              const temperature=document.getElementById('temperature').value;

              const predictionResultElement = document.getElementById('prediction-
result');
              predictionResultElement.innerHTML="正在生成市场趋势预测...";

              constformData=new FormData();
              formData.append('data', dataInput);
              formData.append('model', modelSelection);
              formData.append('temperature', temperature);

              const response=await fetch('/api/generate_prediction', {
                  method:'POST',
                  body:formData
              });

              const data=await response.json();

              if (data.error) {
                  predictionResultElement.innerHTML="生成失败:" + data.error;
              } else {
                  predictionResultElement.innerHTML='<h3>市场趋势预测结果:</h3><p>
${data.prediction}</p>';
              }
          }
      </script>
```

```
</body>
</html>
```

（2）后端使用 Flask 框架，接收前端提交的市场数据，调用 DeepSeek API 进行市场趋势分析与预测。数据提交后，后端会处理数据并通过模型进行预测，生成市场趋势预测结果。代码如下所示。

```
from flask import Flask, request,jsonify
import requests

app=Flask(__name__)

# DeepSeek API 密钥
API_KEY='YOUR_DEEPSEEK_API_KEY'
API_URL='https://api.deepseek.com/v1/chat/completion'

@app.route('/api/generate_prediction', methods=['POST'])
def generate_prediction():
    data_input=request.form['data']
    model=request.form['model']
    temperature=float(request.form['temperature'])

    # 请求 DeepSeek API 进行市场趋势预测
    response=requests.post(
        API_URL,
        headers={'Authorization': f'Bearer {API_KEY}'},
        json={
            'model': model,
            'messages': [
                {'role': 'system', 'content': '你是一个市场趋势预测系统,帮助用户分析市
场变化并预测未来趋势。'},
                {'role': 'user', 'content': data_input}
            ],
            'max_tokens': 500,
            'temperature': temperature
        }
    )

    response_data=response.json()

    if 'choices' in response_data:
        prediction=response_data['choices'][0]['message']['content']
```

```
        return jsonify({'prediction': prediction})
    else:
        return jsonify({'error': '预测生成失败'})

if __name__ == '__main__':
    app.run(debug=True)
```

假设用户输入的市场数据为：“过去五年，智能家居设备的销量年均增长率为15%，消费者对环保型产品的需求持续增加。”通过系统生成的市场趋势预测可能如下。

```
市场趋势预测结果：
根据输入的市场数据，预计未来五年智能家居设备的需求将持续增长，年均增长率将达到 18%。环保型产品将成为消费者的主流需求方向，尤其在高收入群体中，需求将呈现爆发式增长。智能家居设备制造商需加大在环保产品领域的研发投入，抓住这一市场机遇。
```

市场趋势预测系统通过 DeepSeek API 实现了基于用户输入数据的市场趋势分析和预测。通过前端的交互，用户可以输入市场数据并选择预测模型，后端处理数据并生成趋势预测。系统能够根据市场变化和用户提供的数据预测未来的市场趋势，为决策者提供有力的数据支持。

6.3.2 智能投资顾问与风险管理系统

智能投资顾问（以下简称为“智能投顾”）与风险管理系统运用人工智能、机器学习和大数据分析技术，对投资者的风险偏好、投资目标、市场数据进行智能分析，从而提供个性化的投资建议和风险控制方案。

在金融行业，智能投顾系统通过深入分析投资者的历史投资数据、市场走势、宏观经济环境等信息，评估投资者的风险承受能力，并依据不同的风险容忍度、预期回报、时间跨度等因素，提供量身定制的投资组合方案。同时，系统还能够进行动态的风险管理，通过实时监控市场波动、资产组合风险等因素，及时调整投资策略。

以下是基于 DeepSeek API 的智能投顾与风险管理系统的实现，结合前端（HTML）与后端（Python Flask）代码进行讲解，前端页面如图 6-7 所示。

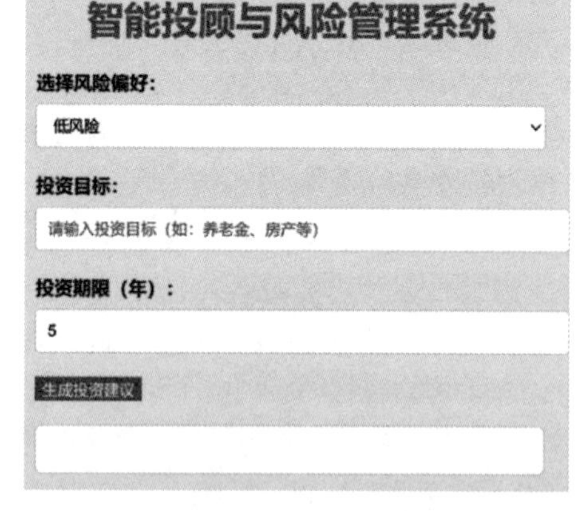

图 6-7　智能投顾与风险管理系统

（1）前端页面提供了投资者的基本信息输入、风险偏好选择、投资目标设置等功能。页面设计简洁，包含投资偏好选择框、风险评估表单、预测按钮等。代码如下所示。

```
<! DOCTYPE html>
<html lang="zh">
<head>
    <meta charset="UTF-8">
    <meta name="viewport" content="width=device-width, initial-scale=1.0">
    <title>智能投顾与风险管理系统</title>
    <style>
        body {
            font-family: Arial, sans-serif;
            background-color: #f3f4f6;
            color: #333;
        }
        .container {
            width: 70%;
            margin: 0 auto;
            padding: 20px;
            background-color: #e3f2fd;
            border-radius: 8px;
            box-shadow: 0 4px 8px rgba(0, 0, 0, 0.1);
        }
        h1 {
            text-align: center;
            color: #0288d1;
        }
        .form-group {
            margin-bottom: 20px;
        }
        .form-group label {
            font-weight: bold;
        }
        .form-group input[type="text"],
        .form-group input[type="number"],
        .form-group select,
        .form-group button {
            width: 100%;
            padding: 10px;
            margin-top: 8px;
            border-radius: 4px;
            border: 1px solid #ccc;
```

```
        }
        .button {
            background-color: #0288d1;
            color: white;
            border: none;
            cursor: pointer;
        }
        .button:hover {
            background-color: #01579b;
        }
        #investment-result {
            background-color: #fff;
            padding: 20px;
            margin-top: 20px;
            border-radius: 6px;
            border: 1px solid #ccc;
        }
        .footer {
            margin-top: 20px;
            font-size: 12px;
            color: #555;
            text-align: right;
        }
    </style>
</head>
<body>
    <div class="container">
        <h1>智能投顾与风险管理系统</h1>
        <div class="form-group">
            <label for="risk-level">选择风险偏好:</label>
            <select id="risk-level">
                <option value="low">低风险</option>
                <option value="medium">中风险</option>
                <option value="high">高风险</option>
            </select>
        </div>
        <div class="form-group">
            <label for="investment-goal">投资目标:</label>
            <input type="text" id="investment-goal" placeholder="请输入投资目标
(如:养老金、房产等)">
        </div>
        <div class="form-group">
```

```
            <label for="investment-duration">投资期限(年):</label>
            <input type="number" id="investment-duration" value="5" min="1" max
="30">
        </div>
        <button class="button"onclick="generateInvestmentPlan()">生成投资建议</
button>

        <div id="investment-result"></div>
        <div class="footer" id="weather-info">
            <!--显示天气信息 -->
        </div>
    </div>

    <script>
        async function generateInvestmentPlan() {
            const riskLevel=document.getElementById('risk-level').value;
            const investmentGoal=document.getElementById('investment-goal').value;
            const investmentDuration=document.getElementById('investment-duration').
value;

            const investmentResultElement=document.getElementById('investment-
result');
            investmentResultElement.innerHTML="正在生成投资建议...";

            const formData=new FormData();
            formData.append('risk_level', riskLevel);
            formData.append('investment_goal', investmentGoal);
            formData.append('investment_duration', investmentDuration);

            const response=await fetch('/api/generate_investment_plan', {
                method:'POST',
                body:formData
            });

            const data=await response.json();

            if (data.error) {
                investmentResultElement.innerHTML="生成失败:" + data.error;
            } else {
                investmentResultElement.innerHTML='<h3>投资建议:</h3><p>${data.
recommendation}</p>';
            }
```

```
        }
    </script>
</body>
</html>
```

（2）后端使用 Flask 框架，接收前端提交的风险偏好、投资目标和投资期限，调用 DeepSeek API 进行智能投顾与风险管理分析。后端会处理这些输入数据，使用预训练的模型生成合适的投资建议。代码如下所示。

```
from flask import Flask, request,jsonify
import requests

app=Flask(__name__)

# DeepSeek API 密钥
API_KEY='YOUR_DEEPSEEK_API_KEY'
API_URL='https://api.deepseek.com/v1/chat/completion'

@app.route('/api/generate_investment_plan', methods=['POST'])
def generate_investment_plan():
    risk_level=request.form['risk_level']
    investment_goal=request.form['investment_goal']
    investment_duration=request.form['investment_duration']

    # 请求 DeepSeek API 生成投资建议
    response=requests.post(
        API_URL,
        headers={'Authorization': f'Bearer {API_KEY}'},
        json={
            'model':'deepseek-gpt-3.5-turbo',
            'messages': [
                {'role':'system', 'content':'你是一个智能投顾系统,帮助用户根据其风险偏好和投资目标提供个性化的投资建议。'},
                {'role':'user', 'content': f'我的风险偏好是{risk_level},投资目标是{investment_goal},投资期限为{investment_duration}年。'}
            ],
            'max_tokens': 500,
            'temperature': 0.7
        }
    )

    response_data=response.json()
```

```
        if 'choices' in response_data:
            recommendation=response_data['choices'][0]['message']['content']
            return jsonify({'recommendation': recommendation})
        else:
            return jsonify({'error': '生成投资建议失败'})

if __name__ == '__main__':
    app.run(debug=True)
```

假设用户输入的风险偏好为“中风险”，投资目标为“养老金”，投资期限为“10 年”，生成的投资建议可能如下。

```
投资建议：
根据您的中风险偏好以及投资目标为养老金，建议您选择稳健型的资产配置，投资组合应包括 60%的股票型基金和 40%的债券型基金。随着投资期限的增长，您可以适度增加股票比例以追求更高的回报。在接下来的几年内，可以考虑选择一些具有长期增长潜力的蓝筹股，同时保持一定的债券配置以确保资本的安全性。
```

智能投顾与风险管理系统通过 DeepSeek API 提供了基于用户输入的个性化投资建议。系统能够分析用户的风险偏好、投资目标和投资期限，并为用户提供合适的投资组合及策略。通过前端交互，用户能够输入信息并获得实时的投资建议，后端则通过 DeepSeek 模型进行智能分析和推荐。这一系统为投资者提供了一个便捷、高效且个性化的投资决策支持工具。

6.4 创意产业

随着技术的进步，创意产业正迎来深刻变革，大模型不仅能够提升创作效率，还能通过数据驱动的智能分析为创作提供新的灵感与方向。本节探讨了大模型在创意产业中的创新应用，重点分析了人工智能如何助力内容创作、艺术设计、广告营销等领域的突破与发展，帮助创作者在繁复的任务中提高灵感的转化率，并实现个性化的内容生成与创意优化，揭示人工智能在创意产业中的巨大潜力。

6.4.1 内容创作与剧本生成系统

内容创作与剧本创作是创意产业中非常重要的一环。随着人工智能技术的发展，内容创作不再局限于传统的写作，AI 系统能够根据用户需求生成创意内容、剧本和故事情节等，为创作者提供更高效、更具创意的支持。

在这一过程中，大模型通过自然语言处理能力，基于预设的主题、情节或风格，生成具有高度创意的文本内容。通过与用户的互动，AI 系统能够不断优化创作内容，实现个性化定制。AI 在内容创作中的应用，不仅提高了创作效率，还大大扩展了创意的边界，为行业带来新的突破。

下面这个案例将基于 DeepSeek API 开发一个内容创作与剧本生成系统。以下是 HTML 前端和后端代码示例，展示如何利用 DeepSeek API 实现这一功能，前端页面如图 6-8 所示。

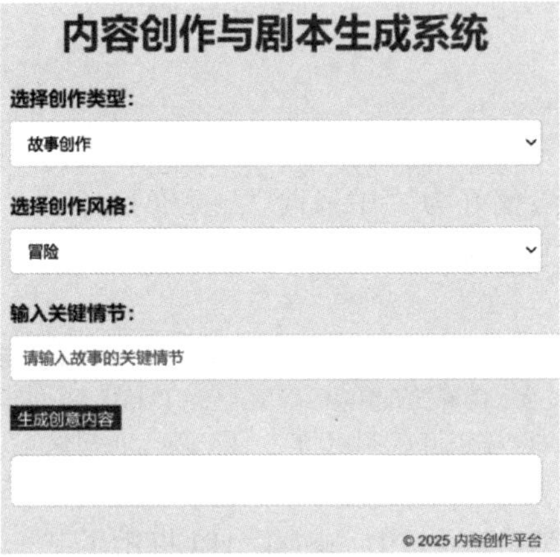

图 6-8　内容创作与剧本生成系统

（1）前端页面提供了创作类型选择、创作风格选择、关键情节输入等功能。用户可以根据自己的需求，选择合适的风格和内容类型，生成所需的创意内容。代码如下所示。

```
<!DOCTYPE html>
<html lang="zh">
<head>
    <meta charset="UTF-8">
    <meta name="viewport" content="width=device-width, initial-scale=1.0">
    <title>内容创作与剧本生成系统</title>
    <style>
        body {
            font-family: Arial, sans-serif;
            background-color: #f4f7fc;
            color: #333;
        }
        .container {
            width: 70%;
            margin: 0 auto;
            padding: 20px;
            background-color: #e0f7fa;
```

```
    border-radius: 8px;
    box-shadow: 0 4px 8px rgba(0, 0, 0, 0.1);
}
h1 {
    text-align: center;
    color: #01579b;
}
.form-group {
    margin-bottom: 20px;
}
.form-group label {
    font-weight: bold;
}
.form-group input[type="text"],
.form-group select,
.form-group button {
    width: 100%;
    padding: 10px;
    margin-top: 8px;
    border-radius: 4px;
    border: 1px solid #ccc;
}
.button {
    background-color: #01579b;
    color: white;
    border: none;
    cursor: pointer;
}
.button:hover {
    background-color: #0288d1;
}
#content-result {
    background-color: #fff;
    padding: 20px;
    margin-top: 20px;
    border-radius: 6px;
    border: 1px solid #ccc;
}
.footer {
    margin-top: 20px;
    font-size: 12px;
    color: #555;
```

```
            text-align: right;
        }
    </style>
</head>
<body>
    <div class="container">
        <h1>内容创作与剧本生成系统</h1>
        <div class="form-group">
            <label for="genre">选择创作类型:</label>
            <select id="genre">
                <option value="story">故事创作</option>
                <option value="script">剧本创作</option>
            </select>
        </div>
        <div class="form-group">
            <label for="style">选择创作风格:</label>
            <select id="style">
                <option value="adventure">冒险</option>
                <option value="romance">浪漫</option>
                <option value="horror">恐怖</option>
                <option value="comedy">喜剧</option>
            </select>
        </div>
        <div class="form-group">
            <label for="plot">输入关键情节:</label>
            <input type="text" id="plot" placeholder="请输入故事的关键情节">
        </div>
        <button class="button"onclick="generateCreativeContent()">生成创意内容
</button>

        <div id="content-result"></div>
        <div class="footer">
            <p>© 2025 内容创作平台</p>
        </div>
    </div>

    <script>
        async function generateCreativeContent() {
            const genre=document.getElementById('genre').value;
            const style=document.getElementById('style').value;
            const plot=document.getElementById('plot').value;
```

```
            const contentResultElement=document.getElementById('content-result');
            contentResultElement.innerHTML="正在生成创意内容...";

            const formData=new FormData();
            formData.append('genre', genre);
            formData.append('style', style);
            formData.append('plot', plot);

            const response=await fetch('/api/generate_content', {
                method: 'POST',
                body:formData
            });

            const data=await response.json();

            if (data.error) {
                contentResultElement.innerHTML="生成失败:" + data.error;
            } else {
                contentResultElement.innerHTML='<h3>创意内容:</h3><p>${data.con-
tent}</p>';
            }
        }
    </script>
</body>
</html>
```

(2)后端使用Flask框架,接收前端传递的创作类型、风格和情节信息,调用DeepSeek API生成创意内容。系统通过DeepSeek模型分析输入内容,生成相应的剧本或故事。代码如下所示。

```
from flask import Flask, request,jsonify
import requests

app=Flask(__name__)

# DeepSeek API 密钥
API_KEY='YOUR_DEEPSEEK_API_KEY'
API_URL='https://api.deepseek.com/v1/chat/completion'

@app.route('/api/generate_content', methods=['POST'])
def generate_content():
    genre=request.form['genre']
```

```
    style=request.form['style']
    plot=request.form['plot']

    # 请求 DeepSeek API 生成创意内容
    response=requests.post(
        API_URL,
        headers={'Authorization': f'Bearer {API_KEY}'},
        json={
            'model':'deepseek-gpt-3.5-turbo',
            'messages': [
                {'role':'system','content':'你是一个创意内容生成器,帮助用户根据输入的情节和风格生成故事或剧本。'},
                {'role':'user','content': f'请根据以下信息生成{genre}:风格是{style},关键情节是:{plot}'}
            ],
            'max_tokens': 1000,
            'temperature': 0.7
        }
    )

    response_data=response.json()

    if 'choices' in response_data:
        content=response_data['choices'][0]['message']['content']
        return jsonify({'content': content})
    else:
        return jsonify({'error':'生成内容失败'})

if __name__ =='__main__':
    app.run(debug=True)
```

假设用户选择了“剧本创作”类型、“喜剧”风格，并输入了关键情节“一个男孩和一个女孩在咖啡馆偶遇，开始了一段浪漫喜剧的故事”，生成的创意内容可能如下。

```
创意内容：
剧本开头：
场景：咖啡馆，早晨，阳光透过窗户洒在桌子上，气氛温暖。
男孩（李阳）坐在靠窗的位置，手里拿着一本书。女孩（王静）推开咖啡馆的门，微笑着走进来。她的目光扫过咖啡馆，发现了一个空位，正好坐在李阳对面。

李阳（抬头看见王静）：
“哇，你也是来喝咖啡的吗？我以为只有我这种书虫才会在这么早就来。”
```

王静（微笑）：
“我只是来找个地方安静地写写东西，顺便喝杯咖啡。看来我们有共同的爱好。”

（两人开始聊起了他们的兴趣爱好，慢慢产生了情感的火花。）

剧本后续：
故事继续围绕男孩和女孩的相遇与成长展开，充满了幽默的对话和意外的情节反转。

该内容创作与剧本生成系统结合 DeepSeek API，通过前端与后端的协作，能够根据用户提供的创作类型、风格和情节，生成符合要求的创意内容或剧本。系统实现了个性化的创作支持，不仅提高了创作者的工作效率，还为创意产业带来了更多的创新可能。

6.4.2 艺术设计与风格迁移系统

艺术设计与风格迁移系统是创意产业中不可或缺的应用，尤其在视觉艺术和图像生成方面。随着大模型和深度学习技术的不断发展，AI 能够在艺术创作中发挥重要作用，尤其是在风格迁移方面。风格迁移技术使得计算机能够将一种艺术风格迁移到另一种图像或设计中，从而生成具有独特艺术表现的作品。深度学习模型通过提取图像的内容特征与风格特征，借助神经网络实现这些特征的转化与组合，创造出具有特定风格的新图像。

这个案例结合 DeepSeek API，通过前端和后端代码演示如何利用深度学习模型实现艺术风格迁移，生成带有指定艺术风格的图像。下面是具体的实现步骤，包括前端和后端的代码示例，前端页面如图 6-9 所示。

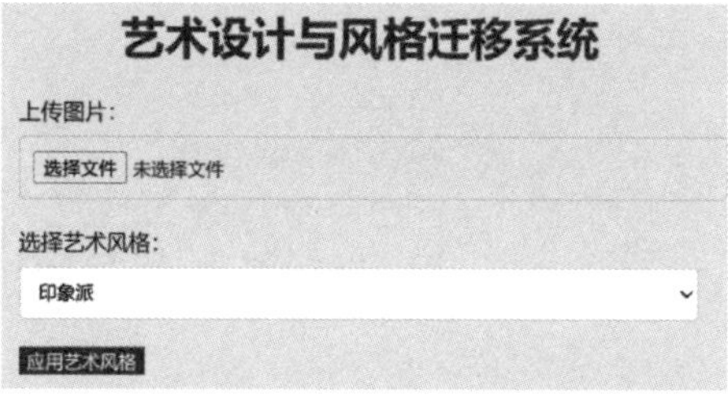

图 6-9　艺术设计与风格迁移系统前端页面

（1）前端页面将提供上传图片、选择艺术风格、显示转换后图像等功能。用户可以选择一个已有的图像并选择想要应用的艺术风格，系统将通过 DeepSeek API 生成并显示风格迁移后的图像。代码如下所示。

```
<! DOCTYPE html>
<html lang="zh">
<head>
    <meta charset="UTF-8">
    <meta name="viewport" content="width=device-width, initial-scale=1.0">
    <title>艺术设计与风格迁移系统</title>
```

```
<style>
    body {
        font-family: Arial, sans-serif;
        background-color: #f4f7fc;
        color: #333;
    }
    .container {
        width: 80%;
        margin: 0 auto;
        padding: 20px;
        background-color: #e3f2fd;
        border-radius: 8px;
        box-shadow: 0 4px 8px rgba(0, 0, 0, 0.1);
    }
    h1 {
        text-align: center;
        color: #01579b;
    }
    .form-group {
        margin-bottom: 20px;
    }
    .form-group input[type="file"],
    .form-group select,
    .form-group button {
        width: 100%;
        padding: 10px;
        margin-top: 8px;
        border-radius: 4px;
        border: 1px solid #ccc;
    }
    .button {
        background-color: #01579b;
        color: white;
        border: none;
        cursor: pointer;
    }
    .button:hover {
        background-color: #0288d1;
    }
    #output {
        margin-top: 20px;
        text-align: center;
```

```
        }
        #output img {
            width: 100%;
            max-width: 600px;
            border-radius: 8px;
        }
    </style>
</head>
<body>
    <div class="container">
        <h1>艺术设计与风格迁移系统</h1>
        <div class="form-group">
            <label for="image">上传图片:</label>
            <input type="file" id="image" accept="image/* ">
        </div>
        <div class="form-group">
            <label for="style">选择艺术风格:</label>
            <select id="style">
                <option value="impressionism">印象派</option>
                <option value="cubism">立体主义</option>
                <option value="surrealism">超现实主义</option>
                <option value="abstract">抽象艺术</option>
            </select>
        </div>
        <button class="button"onclick="applyStyle()">应用艺术风格</button>

        <div id="output"></div>
    </div>

    <script>
        async function applyStyle() {
            const imageInput=document.getElementById('image');
            const style=document.getElementById('style').value;
            const outputElement=document.getElementById('output');

            if (!imageInput.files[0]) {
              outputElement.innerHTML='请先上传一张图片。';
                return;
            }

            const formData=new FormData();
            formData.append('image', imageInput.files[0]);
```

```
            formData.append('style', style);

            outputElement.innerHTML='正在处理,请稍等...';

            const response=await fetch('/api/style_transfer', {
                method: 'POST',
                body:formData
            });

            const data=await response.json();

            if (data.error) {
                outputElement.innerHTML='风格迁移失败:' + data.error;
            } else {
                const img=new Image();
                img.src=data.image_url;
                outputElement.innerHTML='';
                outputElement.appendChild(img);
            }
        }
    </script>
</body>
</html>
```

（2）后端使用 Flask 框架接收前端上传的图片和艺术风格信息，调用 DeepSeek API 或其他深度学习框架进行风格迁移，最后返回处理后的图像。代码如下所示。

```
from flask import Flask, request,jsonify
import requests
import os
from PIL import Image
import io

app=Flask(__name__)

# DeepSeek API 密钥
API_KEY='YOUR_DEEPSEEK_API_KEY'
API_URL='https://api.deepseek.com/v1/style-transfer'

# 上传文件存储目录
UPLOAD_FOLDER='uploads'
os.makedirs(UPLOAD_FOLDER, exist_ok=True)
```

```
app.config['UPLOAD_FOLDER']=UPLOAD_FOLDER

@app.route('/api/style_transfer', methods=['POST'])
def style_transfer():
    image=request.files.get('image')
    style=request.form['style']

    if image:
        image_path=os.path.join(app.config['UPLOAD_FOLDER'], image.filename)
        image.save(image_path)

        # 读取图像并准备传递给 API
        with open(image_path, 'rb') as f:
            img_data=f.read()

        # 请求 DeepSeek API 进行风格迁移
        response=requests.post(
            API_URL,
            headers={'Authorization': f'Bearer {API_KEY}'},
            files={'image':img_data},
            data={'style': style}
        )

        response_data=response.json()

        if 'image_url' in response_data:
            return jsonify({'image_url': response_data['image_url']})
        else:
            return jsonify({'error': '风格迁移失败,无法获取结果'})
    else:
        return jsonify({'error': '未上传图片'})

if __name__ == '__main__':
    app.run(debug=True)
```

该艺术设计与风格迁移系统结合 DeepSeek API，通过前端和后端协作，能够根据用户选择的风格对上传的图像进行风格迁移。系统实现了个性化的图像生成，能够快速将原始图片转换为具有特定艺术风格的图像。这种技术不仅能为艺术创作者提供灵感，还为设计师、广告公司等提供了创新的工具。

6.5 本章小结

本章深入探讨了大模型在各行业中的应用，涵盖了教育、医疗、金融和创意产业四大领域的实践案例。通过对不同领域的深入分析，揭示了大模型如何赋能行业，提升效率，优化决策，并在复杂任务中展现出强大的潜力。

在教育行业，智能辅导和自动化作业批改推动了教学质量的提升；在医疗行业，病历分析与诊断辅助以及医学文献摘要生成为医疗工作者提供了重要支持；金融行业中的市场趋势预测与智能投资顾问则为投资者带来了前所未有的决策工具；创意产业中的内容创作与艺术设计则借助风格迁移和智能生成技术，激发了艺术创作的新可能。大模型正通过行业化应用，深刻影响并推动各行业的发展与变革。